沈阳市节水型社会建设规划

王树雨　严登华　詹中凯
秦大庸　马志伟　褚俊英　编著

黄河水利出版社

图书在版编目(CIP)数据

沈阳市节水型社会建设规划/王树雨等编著.—郑州：
黄河水利出版社,2007.9
　ISBN 978 - 7 - 80734 - 277 - 9

　Ⅰ.沈… Ⅱ.王… Ⅲ.城市用水 - 节约用水 - 研究 -
沈阳市　Ⅳ.TU991.64

　中国版本图书馆 CIP 数据核字(2007)第 140869 号

出　版　社:黄河水利出版社
　　　　　地址:河南省郑州市金水路 11 号　　邮政编码:450003
发行单位:黄河水利出版社
　　　　　发行部电话:0371 - 66026940　　传真:0371 - 66022620
　　　　　E-mail:hhslcbs@126.com
承印单位:黄河水利委员会印刷厂
开本:850 mm×1 168 mm　1/32
印张:5
字数:125 千字　　　　　　　　　印数:1—1 000
版次:2007 年 9 月第 1 版　　　　印次:2007 年 9 月第 1 次印刷

书号:ISBN 978 - 7 - 80734 - 277 - 9/TU·86　　定价:15.00 元

前　言

"节能、降耗、减排"已成为人类在发展过程中需要高度关注的重大命题,其中节水对于半干旱半湿润地区又是其关键所在。为充分提高水资源的利用效率与效益,中国政府正在全国范围内部署节水型社会建设,并将其作为新时期经济社会持续发展战略实施及治水的关键举措。为有效指导沈阳市节水型社会建设工作,沈阳市政府于 2006 年组织开展《沈阳市节水型社会建设规划》工作,该项工作历时 1 年,并于 2007 年 1 月在沈阳市通过专家组审查,技术水平鉴定为"整体达到国内领先水平,部分成果达到国际先进水平"。本书就是在上述规划的基础上,进一步凝练而成的。

全书分 3 部分共 13 章。第 1 部分为基础理论与方法研究部分,包括本书的第 1 章和第 2 章;在系统评述国内外节水型社会建设相关研究进展的基础上,系统阐释节水型社会建设的理论框架和技术体系。第 2 部分是针对沈阳市的节水型社会建设进行详细规划,包括本书的第 3 章至第 12 章。其中,第 3 章对沈阳市的基本情况做了简单介绍,第 4 章分析了沈阳市节水型社会建设的原则和依据;第 5 章对沈阳市水资源及开发利用进行了评价,在摸清沈阳市水资源"家底"的同时,分析其开发利用中所存在的问题,为节水型社会建设方向的制定奠定基础;第 6 章对沈阳市的供需水进行了预测,并进行基于"三次平衡"的供需分析;第 7 章确立了沈阳市节水型社会建设及评价指标体系;第 8 章部署了沈阳市节水型社会的建设内容,建立四大支撑体系;第 9 章部署了沈阳市节水型社会建设的实施方案和近期重点工程;第 10 章对沈阳市节水型社会建设的实施效益进行了评价;第 11 章提出了沈阳市节水型社会建设的保障措施;第 12 章部署了沈阳市节水型社会建设的审查、验收及评价方案。第 3 部分为结论和展望部分,为本书的第 13 章,总结了本书的研究成果,并指出节水型社会建设规划中存在的问题及发展方向。

受时间和水平的局限,书中不免有挂一漏万及错误荒谬之处,敬请读者批评指正。

作　者
2007 年 8 月

目　录

第1章 绪 论

1.1 引 言

  沈阳市位于辽宁省中部,是我国东北地区最大的经济中心城市和全国重要的工业基地之一。本书选题是依据《沈阳市"十一五"水资源综合规划》、《沈阳市国民经济和社会发展第十一个五年规划纲要》及《沈阳市节水型社会建设规划报告》,结合沈阳市国民经济、水资源和水环境的实际,为满足沈阳市社会经济、水利建设和生态环境的宏观发展需要确定的。

1.2 问题的提出

  我国是一个水资源相对短缺的国家,人均水资源量仅为世界平均水平的1/4,且在时空分布上极不均衡,决定了我国水资源供需矛盾突出,而水源污染和低效用水又进一步加剧了这一矛盾,缺水已成为制约我国经济社会发展的"瓶颈"。随着城市化进程的加快,城市的用水需求在一定的时期内仍将保持适度的增长。因此,抑制由于水资源需求增长造成的用水矛盾加剧、水环境系统恶化和水安全危机,促进水资源的高效利用和良性循环,是摆在我们面前迫切需要解决的重大问题。积极发展节水产业,全面建立节水机制,实施节水战略,建设节水型社会,能够提高水资源的利用效率、解决水资源短缺问题、保持社会经济的可持续发展,同时实现保护水生态环境的双赢[1]。

沈阳市是辽宁省的严重缺水城市之一,水资源开发利用中的供需矛盾突出。多年平均水资源量 23.56 亿 m^3,年人均占有可利用水资源量为 339 m^3,只有全国人均水平的 1/6 左右。水资源时空分布不均,年内、年际变化大,特别是水资源区域配置不合理,水利用效率低下,加剧了水资源供需矛盾。随着国家对振兴东北老工业基地支持力度的加大,沈阳市的国民经济、社会发展将进入一个高速发展的时期,因而对水的需求将会逐年增加,水资源短缺必将成为经济腾飞的制约因素,水安全问题必须引起高度重视。因此,把节水贯穿于沈阳市国民经济发展和人民生产生活的全过程,是实现沈阳市老工业基地振兴的必要基础,也是实现沈阳市水资源供需平衡和水生态环境安全的必要手段。

1.3 节水型社会的定义及建设内涵

1.3.1 节水型社会的定义

节水型社会的研究与提出是近年来理论界十分关注的一个课题,特别是新《水法》颁布以来,节水型社会研究不断地深入。国外节水工作以先进的节水技术、完善的节水法规等为核心,没有明确提出节水型社会的相关概念。因此,对节水型社会概念的理解,主要从国内学者的不同观点出发。各类学者专家提出的节水型社会内涵各不相同,归纳起来主要有节水防污方面、制度建设方面、经济调节方面、节水法规方面、社会制度建设等多角度剖析。有学者指出节水、减污是节水型社会的根本特征,节约用水是核心,经济措施是保障,制度建设是根本[2]。比较有代表性的学者姜文来提出,节水型社会是"通过各种努力,在全社会形成节水的风尚,政府在进行决策或制定规划指导工作时,始终围绕节水这个资源环境问题,将节水作为一项基本国策纳入社会经济环境等各个领域,真正落实到实处"[3]。节水型社会是对生产关系的变革,是一种制度建设,是一场社会变革的深刻革命。建设节水型社会是通过管理制度的变革,形成全社会节水用水的意识形态,使节水成为一种内在的动力机制[5,6]。有的学者从经济学的角度剖析了节水型社会的一个重要指标是以水权、水市场理论为依据来确定的宏观总量控制和微观节水定额管理两套控制指标,认为节水型社会的本质是建立以水权、水市场为主导的经济手段调节机制,不断提高水资源的利用效率和效益,促进经济、资源、环境协调发展[4,5]。也有学者从法律的角度对节水型社会进行了分析,以《水法》为法律依托,提出通过建设依法治水、依法节水和管水的法律机制来保障节水型社会建设的正常运作,构建节水法规体系,使节水逐渐走向法制化轨道[7]。目前节水型社会建设已经上升为一种社会关系的重大变革,因此从社会学角度进行节水型社会研究的学者为数众多,分别提出了节水型社会建设的全民参与模式、节水型社会建设的评价指标体系以及节水型社会建设的社会推进机制[8,9]。原水利部汪恕诚部长就如何建设节水型社会,从整个社会范围内提出了节水型社会建设的行政措施、工程措施、经济措施、科技措施等全方位的支撑体系,并且强调了经济措施在现阶段节水型社会建设中的核心地位,随着节水型社会建设的深入,节水应成为一种全社会的自觉行为[10]。有的学者对节水型社会评价指标体系进行了研究,提出了节水的综合评价指标、生态系统建设指标、经济发展指标、工业节水指标、农业节水指标、生活节水指标等节约用水控制指标体系[11]。还有很多学者结合甘肃张掖市等全国性的节水型社会建设试点工作,从思维创新、科技创新的角度总结节水实践中的管理经验,对节水型社会建设提出了建设性的意见和建议[12]。有的学者结合本地区的节水实践,提出了建设节水型社会,首先要明确节水型社会的职能管理,建立节约用水的管理机制,突出节水的重点环节,完善节水的法规体系,加强节水的宣传,最终形成全社会共同参与节水的良好局面[13]。同时,水利部也对节水型社会建设的工作进行了总结,提出要尽快出台全国性的节约用水的管理条例,抓紧制定《水资源费征收管理条例》、《节约用水和水资源综合利用法》等一系列节水型社会建设的配套管理法规条例,形成有利于节水产业健康发展的政策,把水资源管理纳入全社会良性发展的轨道。虽然没有形成统一的概念,但上述各种表述表明,节水型社会是一个耦合水资源系统、经济系统、社会系统在内的多层次化复合问题,依据不同的具体情况,应全方面适应不同的建设需要。当前各种节水型社会概念的提出,也模糊了节水型和节水型社会建设的区别与联系。

1.3.2 节水型社会建设内涵

节水型社会,是指一种和谐社会形态,即指水资源集约高效利用、经济社会持续快速发展、人与自然和谐相处的社会。节水型社会建设,是通过法律、经济、行政、科技、宣传等综合措施,在全社会建立起节水的管理体制和运行机制,使得人们在水资源开发和利用的各个环节,实现对水资源的节约和保护,杜绝用水的结构型、生产型、消费型浪费[14],建立节约型的经济增长方式和消费模式,以保障人民的饮水安全,充分发挥水资源的经济社会效益,创造优良的生态环境。从整体上看,节水型社会侧重的是一种状态,节水型社会建设强调的是一种过程。

当前,我国节水型社会建设主要包括三个基本模式[15]:一是宏观的国家模式,即节水型社会建设的基本理念,强调经济、社会与资源环境的和谐发展;二是中观的区域模式,即在节水型社会基本理念的指导下,结合区域资源、环境、社会、经济和文化等特征,建立特定区域节水型社会建设的总体思路和重点建设方向;三是微观的基层模式,即在区域节水型社会建设过程中有代表性的基层管理模式,如节水型企业、城市、灌区或社区等。从整体上看,我国当前的节水型社会建设实践主要以区域模式为重点和主导,不断推动节水型社会建设理论的完善。

节水型社会建设概念的提出,既是我国社会经济发展与水资源矛盾的直接反映,也提供了解决这一矛盾的有效途径。坚持开源与节流并重、节流优先,是水资源可持续利用的必然要求,也是针对我国具体国情和水情的选择。当前的实践证明,节水型社会建设对传统节水、水资源管理和污染防治进行了系统集成,充分体现了解决经济社会发展与水资源矛盾的系统性、全面性和深入性,足以使其成为一项系统破解我国水问题的全新社会实践。

1.4 国内外节水型社会建设的研究

1.4.1 国外动态与研究进展

20 世纪六七十年代以来,随着全球水资源短缺和环境水污染问题的加剧,世界上许多国家纷纷将节水作为缓解水资源危机的有效途径,采取管理、经济、技术、政策、法制、宣传和教育等一系列手段,推进各业节水,提高水资源利用效率。例如,美国环保署于1998 年颁布了节水计划导则[16];斯里兰卡政府在国家水资源战略中突出了以节水为主体内容的水资源需求管理;英国根据南北差异,分别专门制定了以提高用水效率和防污为侧重点的双重节水战略;菲律宾在 1997 年大旱后,政府专门发起了为期一年的"公众对用水负责"的节水运动;新加坡和日本在节水技术方面尤为先进,节水管理更加强调经济手段。联合国也积极推动节水意识和技术的普及,2002 年联合国亚太地区经济和社会委员会在菲律宾召开"提高公众节水意识"专题会议[17,18]。总体看来,国际上在农业节水、工业节水、生活节水以及替代水源开发的设施和技术方面较为先进并取得一系列突破,在宣传和教育上也有许多创新的做法,但完整意义上的节水型社会理论和方法研究仍不多见,相应关键技术和经济措施等全面的体系建立也尚未得到系统的识别。

从国外节水动态上来看,一是国外许多国家采取了综合措施进行节水,但明确的节水型社会的概念和做法尚未见到,更不用说完整的节水型社会建设理论与方法体系;二是许多发达国家在农业节水、工业节水、生活节水以及替代水源开发的设施和技术方面较为先进,可加以引进和应用;三是大多数发达国家开展节水的一个更重要目的是为了减污,因此特别注重工业和生活节水,而农业节水通常都与设施农业和高效农业相结合;四是许多国家尤其是供水企业将节水作为一种应急措施,常态节水机制有待完善。

1.4.2 国内动态与研究进展

我国节水型社会建设实践和研究始于20世纪末21世纪初,目前其理论与方法研究仍处于起步和探索阶段。尽管节水型社会建设实践和研究时间不长,但我国节水工作历时已久。1988年以来,水利部在中央水利工作方针的指导下,进行了可持续发展的探索,在此基础上,对水资源利用和管理的思路也发生了重大改变。2001年全国节约用水办公室批复了天津节水试点工作实施计划,初步具备了节水型社会建设雏形。2002年首先在甘肃张掖、四川绵阳和辽宁大连等地区开展了国家级的节水型社会建设的试点,张掖市作为全国第一个节水型社会建设试点,正式拉开了我国节水型社会试点建设的帷幕。通过在缺水和水资源相对丰沛的不同水资源条件与经济发展水平下的比较,进行了第一批节水型社会试点建设工作,总结了不同地区的工作特色,为今后全国节水型社会建设的推广提供了宝贵的实践经验。目前在试点地区初步形成了总量控制、定额管理、一体化管理、市场调节、公众参与的有效运行机制,通过各种经济措施的实施,显著地提高了水资源的利用效率和效益。其后国家又相继开展了一批全国建设试点和94个省级一级试点。2003年10月,汪恕诚在全国水资源工作暨节水型社会建设试点经验交流会上,作了题为《建设节水型社会工作要点》的讲话。2004年3月21日,汪恕诚接受记者专访,指出在我国水资源严重短缺的形势下,落实科学发展观要求,建设节水型社会是一件非常重要的事情,其意义决不亚于三峡工程和南水北调工程。2005年4月29日,国务院副总理曾培炎出席全国水价改革与节水工作电视电话会议时,强调要统一思想,明确目标,通过深化水价改革、加强水资源管理、优化产业结构、建立节水制度等措施,大力推进全社会节约用水,提高用水效率,切实保护水环境,为促进社会的全面协调和可持续发展做出新的贡献。2005年6月30日,温家宝总理在"全国做好建设节约型社会近期重点工作"电视电话会议上指出,加快建设节约型社会,必须采取综合措施,建立强有力的保障和支撑体系。2005年7月初,国务院《关于做好建设节约型社会近期重点工作的通知》中指出,认真研究提出关于开展节水型社会建设的指导性文件,适时召开全国节水型社会建设工作会议,继续开展全国节水型社会建设试点工作,重点抓好南水北调东中线受水区和宁夏节水型社会建设示范区建设。总体来看,我国正在按照"两步两个层次"的整体部署和"点—线—面"试点布局积极稳步推进全国节水型社会建设[19]。

从我国节水型社会建设的历程看,节水的初期研究多集中在节水工程与节水技术等方面,随着"真实节水"等概念的提出,节水研究深入到资源利用的有效和无效、高效和低效的划分层面,同时加强了节水管理方面的研究[20]。

从以上国内外节水与节水型社会建设动态与研究进展可以看出,节水型社会建设是一项系统破解我国水问题全新的社会实践,国外既无成熟的经验可供借鉴,国内也处于原始探索的初期阶段,需要从现有实践出发,以自主创新为主体,尽快形成一套符合中国国情和水情的节水型社会建设理论与技术方法体系。结合目前全国节水型社会建设区的实际工作进展,我国还处于节水初期的节水工程和节水技术研究阶段,今后在建设节水型社会的历程中应认真分析我国所处的节水型社会建设阶段,有针对性地探讨随着节水型社会建设的深入,应该如何调整节水对策,加强经济制度及宣传教育创新,以满足当前和今后一个时期我国节水型社会建设的实践需求。

1.4.3 节水型社会建设中存在的问题

建设节水型社会是解决我国水资源短缺和水污染问题最根本、最有效的战略措施。而通过我国与国外节水建设各方面的现状分析比较,表明我国用水严重短缺、水污染恶化的根本原因是节水建设管理中长期积累的深层次问题没有得到重视和解决,水资源管理能力和节水水平远远落后于发达国家。因此,我国在节水型社会建设中仍面临着以下问题:缺位的理论体系,现行政策操作性较差;建设评价体系不健全,缺乏系统的后效评价机制;新技术推广应用体系不完善;节水的经济调节监管手段不健全;落后的公众参与机制。

1.5 节水型社会建设规划技术框架与关键技术

1.5.1 技术路线与框架

节水型社会建设是一项复杂系统工程,以水文学、水资源学、环境学、生态学、经济学和社会学等多学科理论为指导,充分融入节水型社会建设研究的新进展,以现代水文水资源技术、大系统分析技术和地理信息技术为关键技术支撑,在野外踏勘调查与室内分析集成相结合的基础上实施。

在原型监测信息、统计信息和相关规划成果及全方位踏勘调查的基础上,建成节水型社会建设基础工作数据库。在进行水资源及开发利用评价的基础上,明晰区域水资源"家底"及存在问题;在对不同规划水平年供需水预测的基础上,采用三次平衡的分析方法,剖析水资源供需平衡态势。在上述应用基础分析的基础上,明晰节水型社会建设的目标及控制性指标,构建节水型社会建设的四大支撑体系;对近期建设实施方案及重点建设项目进行整体部署,并提出相应的保障措施。总体技术路线见图 1-1。

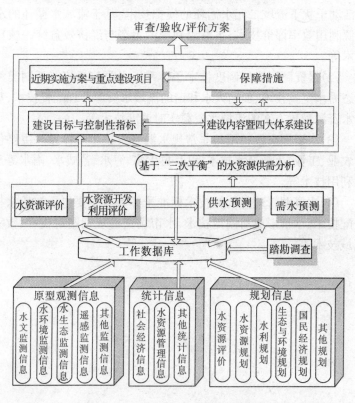

图 1-1 节水型社会建设技术路线框架

1.5.2 关键技术

节水型社会建设的目标是提高水资源的利用效率和效益,同时形成可持续的节水运行机制。从实现这一目标具体实践途径出发,我国节水型社会建设技术体系的构架包括四大方面的关键技术:

(1)水循环模拟与水资源利用评价技术子体系。主要包括人类活动干扰下流域二元水循环的模拟技术、基于流域水循环的水资源利用效率评价技术、水资源利用的生态与经济效益统一核算技术等。

(2)水资源配置与调度技术子体系。主要包括流域不同类型生态需水定量技术、面向人水和谐的流域水资源合理配置技术、基于水资源配置方案的流域水资源实时调度技术等。

(3)水资源高效利用与非常规水源开发技术子体系。主要包括农业、工业、生活节水技术,以及再生水、海水、苦咸水、雨水等开发利用技术等。

(4)水资源管理与调控技术标准子体系。主要包括初始水权分配技术、水价形成与制定技术、水市场交易规则制定技术、数字流域技术等。

第2章 节水型社会理论框架与技术体系

2.1 节水型社会建设的特点

2.1.1 节水型社会建设是在原有节水防污基础上的继承与发展

节水型社会建设具有明显的继承性,其并非一个全新的概念,是在我国长期以来从事的节水与水污染防治基础上的继承和发展,是为了提高水资源利用的效率与效益。然而,节水型社会建设与传统节水的区别主要在于解决问题的广度和深度方面,它从水循环的科学原理出发,追求更为系统、广泛的政策目标,它关注的是水资源开发利用全过程的节水而不仅是某一环节、某一领域的节水,是通过综合措施推动节水而不仅是行政命令措施推动节水,是参与主体积极主动地节水而不是受制被动地节水[21]。

2.1.2 节水型社会建设具有广泛的适用性

这主要体现在以下三个方面:第一,节水社会建设是缺水地区和水资源相对丰沛地区实现持续发展的必由之路。它不仅能够减少缺水地区水资源短缺所带来的经济损失,是实现水资源优化配置与维系区域水安全的必然选择,也是水资源相对丰富地区降低生产成本、增强竞争力的重要途径。此外,相对丰水地区的水资源在时空分布上极可能是不平衡的,从长期动态发展的观点看,随着自然和社会条件的变化,水资源情势可能正向短缺转化,节水型社会建设也是解决区域水问题的明智之举。第二,节水型社会建设不仅是缺水地区,也是水污染严重地区和水生态破坏地区实现社会经济与资源环境协调发展的重要举措。人与自然和谐作为节水型社会的基本属性,使其对于与水相关的资源、环境和生态问题都能找到满意的答案。第三,节水型社会建设是经济发达地区和欠发达地区的实现社会经济可持续和跨越式发展的基本条件。节水型社会建设能够缓解干旱缺水、减少基础设施的投资、降低环境污染所带来的健康风险、提高企业竞争力等,为区域发展带来巨大的经济、社会效益和环境效益。对于经济欠发达的中西部地区,节水型社会建设的关键在于实现有限投入下的产出最大化,并在可能的条件下增加投入[22]。

2.2　节水型社会建设整体规划与任务

2.2.1　整体规划

从学科方面上看,节水型社会建设是一门综合性学科,它涉及水文及水资源学、环境科学、经济学、公共管理学、社会学等多种学科;从空间范围上看,节水型社会建设需要统筹考虑流域与行政分区,以行政分区为主,由水行政主管部门负责本区域节水型社会建设的协调;从时间范围上看,节水型社会建设的期限一般为15~25年。其中,近期规划期限一般为3~5年,远期规划期限一般为10~20年。

2.2.2　建设任务

节水型社会建设的基本任务为,以科学发展观为指导,全面分析评价水资源及开发利用现状、用水水平、节水状况与潜力,识别存在的主要问题。在此基础上,从当地经济社会发展和生态环境建设的实际出发,认真研究节水标准与指标,依据不同规划水平年水资源供需平衡需要,遵循自然和经济规律,按照经济、资源、环境协调发展的原则和开源与节流相结合、以节流为主的方针,以提高水资源的利用效率效益和改善生态环境为重点,提出节水型社会建设的目标、内容及综合保障措施[22]。

从操作层面看,节水型社会建设的任务主要包括基本情况分析、供需水预测和供需平衡分析、提出建设指标与评价、安排建设内容、建立保障措施等方面。

2.2.2.1 基本情况分析

掌握自然与社会各方面的基本情况,指出建设节水型社会的内在需求是节水型社会建设的基础。主要包括以下两个方面:一是区域自然地理与社会经济发展状况分析,如地理位置、地形地貌、水文地质、气候气象、河流水系、土壤植被、人口、经济发展规模与结构等;二是水资源及其开发利用现状分析,如水资源数量评价,水资源质量评价,水资源供、用、耗、排水平评价等,并识别其中存在的主要问题。

2.2.2.2 水资源供需预测与平衡分析

水资源供需分析(也称为水资源合理配置)是节水型社会建设的定量依据,主要是基于水资源及其开发利用的现状,选取一定的数学方法对近期、远期规划水平年的供水、需水状况进行预测,确立整体配置格局及对节水型社会建设的需求。其中,供水预测不仅包括常规的地表水、地下水资源,也包括海水、再生水、雨水、矿井疏干水等非常规水资源。需水预测主要包括社会经济、生态环境两部分在水资源承载能力约束下的需水预测。在此基础上,遵循高效、公平和可持续的原则及三次平衡原理,对多种可利用的水源在区域内各用水部门之间进行合理调配。

2.2.2.3 提出建设指标体系

节水型社会指标体系的提出是节水型社会建设的重要内容，也是一项综合性的复杂权衡过程。按照定量与否可以分为量化指标和非量化指标；按照规划水平年，可以分为近期指标和远期指标；按照分类情况，可分为总体指标与各分类指标(如农业、工业、生活、水生态环境指标等)。节水型社会建设指标体系的确定，应当依据区域自然与社会经济发展状况、水资源及其开发利用等基本情况，以供需平衡、效率改善和环境保护为目的，综合权衡并有所侧重，确定不同时期、不同类别的建设指标。

2.2.2.4 安排建设内容

节水型社会建设应建立以水权、水市场理论为基础的水资源管理体制，充分发挥市场在水资源配置中的导向作用，形成以经济手段为主的节水机制，不断提高水资源的利用效率和效益。应重点突出制度建设，主要包括建立健全用水总量控制和定额管理制度；建立水权的分配、转让制度；建立健全科学的水价制度；健全取水许可制度和水资源有偿使用制度；建立健全水资源论证制度；建立健全排污许可制度和污染者付费制度；建立用水计量与统计制度等方面。在制度建设的同时，还应努力构建合理的经济结构，建设必要的节水防污工程与技术，提高公众的节水意识和参与能力。

2.2.2.5 建立保障措施

节水型社会建设作为一项复杂系统工程，在其建设过程中应采取有效措施，调动全社会的力量实现。节水型社会建设的保障措施主要包括加强领导、落实责任，理顺体制、完善法规，稳定投入、依靠科技，加强监管、扩大宣传等方面。

2.3 节水型社会建设发展阶段

按照社会发展的不同阶段，把节水型社会建设分为三个不同的发展阶段,即强制型发展→自律式发展→自觉式发展,不同的阶段采用不同的节水措施(见图 2-1)。节水型社会建设初期,水资源开发利用程度不高,水资源短缺不太严重,人们的节水意识不高,没有意识到节水的重要性,主要靠政府的行政法规等硬性措施强制节水,因此在这阶段节水法规等政府宏观调控措施的制定是主要影响因素。节水型社会建设的中期,随着水资源开发利用强度的加大,水资源需求不断增长,人们的节水意识不断提高,节水型社会进入了自律式发展的进程,这一阶段主要是通过水价等经济手段,刺激用水户采用先进的节水技术和普及节水型设备来提高水资源的利用效率,使节水型社会建设的观念不断深入人心,但是这一阶段还没有达到人们自觉节水的深度。第三阶段就是节水型社会建设的成熟阶段,在这一阶段,水价等约束已经随着人们生活水平的提高对节水的调节作用越来越弱,居民生活用水定额相反会呈现上升的趋势。因此,节水宣传、教育等软手段成为该阶段影响用水量的主导因素,构建政府调控、市场引导和公众参与的自觉节水体系是节水型社会建设最终要实现的目标。

因此,将节水行动变为社会群体和个人的自发行动,需要政府行政手段→市场经济手段与社会激励手段→软环境制度建设手段的相互补充和过渡。节水型社会的整个建设过程各种作用机制的关系应当是:以市场经济调节为主的节水机制,辅以适当的行政手段,最终通过节水型社会良好环境氛围的建立,使节水成为企业与个人的自发、自觉行动。行政手段是政府宏观层面的干预,市场经济手段是微观层次的调节,社会软环境制度建设是对前两者的必要补充,三者有机结合,在全社会形成节约用水、合理用水、防治水污染、保护水资源的良好生产和生活方式,形成一套完整的自我约束的节水型社会建设体系。

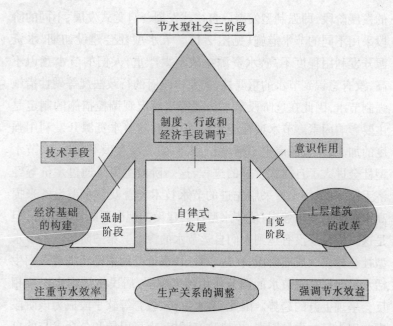

图 2-1 节水型社会建设三阶段图

2.3.1 政府调控阶段——行政手段调控节水

政府通过制定节水法规、节水政策、节水标准等相应的一系列管理规范,使全社会形成对节水必要性的统一认识,明确目标,统一完成[23]。政府行政手段调控节水不仅包括对水资源的直接调节,还通过对经济结构、生活方式、消费水平等许多方面的影响间接调节节水。所以,在节水型社会建设这样一个复杂的系统工程初期,只有加强政府宏观调控,才能达到预期目标[24]。

2.3.2 市场调节阶段——经济手段调节节水

2.3.2.1 产业结构调节需求

所谓产业结构是指生产部门之间和生产部门内部的结构,它与生活需水和生态需水没有直接关系[25]。通过回归分析的方法，建立产业结构(三大产业的比例关系)和生产需水量之间的关系(见图 2-2)。假设三大产业之比为 $\alpha : \beta : \gamma$，则生产部门总需水量可表示为：

$$D_2 = a \times \alpha + b \times \beta + c \times \gamma, \alpha + \beta + \gamma = 1$$

式中：a、b、c 分别为待定系数。

有关研究表明，产业结构的变化在不同的发展阶段有自己的规律。从目前的规律来看，呈现出第一产业的比例逐步下降，第二产业的比例增长缓慢并趋于稳定，第三产业比例逐步上升。基于这种规律，设定不同的产业结构类型，得出不同情况下的水需求量。

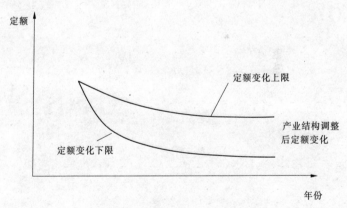

图 2-2　产业结构定额变化分析图

2.3.2.2　水价变化对水需求的影响

水价对水需求的影响，主要体现在生活和生产两大方面。通过分析水价和用水定额之间的关系，分析在不同的水价条件下用水定额的变化情况，从而得出需水量的变化情况，并分析水价在生活、工业、农业等不同产业的弹性区间[26]。

2.3.3 公众参与阶段——管理手段自觉节水

节水型社会是全社会的共同任务,最终需要通过行政、经济、技术和宣传教育等综合手段,直接调节与间接调节相结合,主动调节与被动调节相结合[27],全面推进节水型农业、节水型工业和节水型社会的建设,全面构建节水型思维方式、节水型生产方式、节水型生活习惯、节水型消费模式、节水型社会风尚,使节水成为全社会的自觉行动[28]。

第 3 章　沈阳市概况

3.1　地理位置及行政分区

沈阳市位于中国东北地区的南部,辽宁省的中部,辽河平原中央,地理坐标为东经 122°25′～123°48′,北纬 41°11′～43°2′之间,东临抚顺市和抚顺县,南与本溪市和辽阳市相连,东靠鞍山,西与台安、黑山两县接壤,北与彰武县和铁岭市毗邻。东西长 115km,南北长 205km,总面积 12 980km²。

沈阳市下设和平、沈河、大东、皇姑、铁西 5 个市区,东陵、新城子、于洪、苏家屯 4 个郊区,新民 1 个县级市,辽中、康平、法库 3 个县及沈阳经济技术开发区、沈阳市浑南新区、沈阳棋盘山国际风景旅游开发区、沈阳金融商贸开发区、沈阳农业高新技术开发区 5 个开发区。下设 113 个行政街道、85 个乡、55 个镇(见图 3-1)。

3.2　自然地理概况

3.2.1　地形地貌

沈阳处于辽东山地与下辽河平原过渡地带,地形以平原为主,地貌形态由东北部的低山丘陵区过渡到山前波状倾斜平原区,中西部为平坦辽阔的辽河、浑河冲积平原。从行政区划来看,沈阳市中心城区地势平坦,平均海拔 45m 左右,郊区地势差异较大,东陵区的东部、苏家屯区东南部、新城子区东北部有部分丘陵山地区,

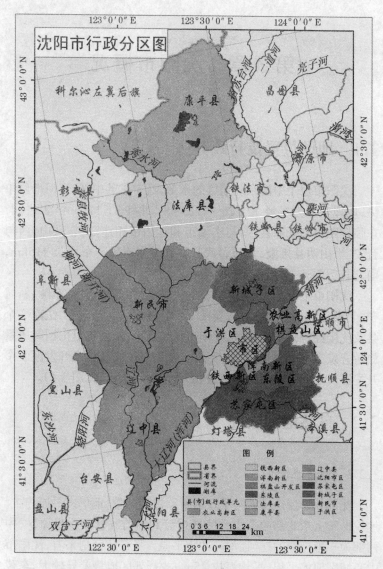

图 3-1　沈阳市行政分区图

于洪区、新民市、辽中县大部分地区为辽河、浑河冲积平原。新民市北部有少部分丘陵和沼泽区。法库县、康平县北部及辽河、秀水河、拉马河的漫滩,阶地地势较平坦,其他地区多数为低山、丘陵或波状平原区。综观全市,其间地貌形态多样,地势高差变化较大,呈东北高西南低的特征,山地丘陵多集中在东北东南部,西部主要为冲积平原。

3.2.2 水文地质

沈阳市的地质构造属于新华夏系第二隆起带和第二次沉降带的交接部位,断裂构造非常发育。沈阳地区具有良好的天然水文地质条件,在水文地质综合作用下,东部低山区为裂隙水和喀斯特裂隙水,在平原区主要为第四纪冲积洪积层之孔隙潜水。地下水大体分三种区型:一是平原地区属河流冲积扇,补给充足,属富水区;二是柳河、蒲河两岸及附近的山前平原为弱富水区;三是东北部低山区属吉林哈达岭延伸山地,山前平原地下水贫乏,为贫水区。在天然条件下,辽河北部的康平、法库县地下水资源较为贫乏,而辽河以南广大平原地区地下水资源较为丰富。全区地下水位埋深较浅,易于开采且水质良好,适于生活饮用及工农业用水。

3.2.3 气象气候

沈阳市气候类型属北温带,亚洲季风气候区北缘,受季风影响的温湿和半温湿大陆性气候。其主要特点是季风气候特征明显,四季分明,降水集中,日照充足。春季多西南风,蒸发量大,易春旱;夏季高温多雨,盛吹南风和东南风,雨热同期的气候特点对农作物的生长发育极为有利;秋季风小,多晴朗天气;冬季寒冷干燥,雨雪稀少,盛吹北风和西北风。年平均气温8℃。7月最热,平均气温24.6℃;1月最冷,平均气温 - 11.8 ℃。全年日照时数2 541h,无霜期185 d。多年平均降水量622.5 mm,最大年降水量

845.8 mm,最小年降水量 432.2 mm。沈阳市降水分为以西部辽河水系和以浑河流域为中心的两个降水区域,辽河降水区还包括饶阳河的一部分和蒲河中下游,降水量由南部向西北逐渐减少。浑河流域降水区包括北沙河、蒲河上游段和东部丘陵平原过渡地带,降水分布特征为西少东略多。

3.2.4 河流水系

沈阳市的主要河流 26 条,属辽河、浑河两大水系(见图 3-2)。流经城区的河流有浑河、新开河、南运河;流经市郊及两县的有辽河、蒲河、养息牧河、饶阳河、秀水河、北沙河等。浑河支流除蒲河外,还有一些较小的季节性河流,如细河、九龙河、白塔堡河等 13 条。辽河支流除饶阳河、柳河、养息牧河、秀水河之外,也有一些较小的季节性河流,如万泉河、长河、左小河、羊肠河等。

辽河发源于河北省七老图山脉的光头山,在沈阳市境内河长 325.6 km,流域面积 6 557 km²。浑河发源于抚顺市清原县长白山支脉的滚马岭,境内河长 172.6 km,流域面积4 572 km²。最大年径流量 36.3 亿 m³,最小年径流量为 6.86 亿 m³,最大最小径流量相差近 6 倍,年际差异明显。饶阳河发源于阜新市的查哈尔山,境内河长 57.5 km,流域面积 1 484 km²。饶阳河是季节性河流,枯水期断流,最大年径流总量 2.12 亿 m³。柳河是辽河右岸的一条大支流,发源于内蒙古奈曼旗,境内河长 54 km,流域面积 110 km²,最大年径流量 4.85 亿 m³。蒲河是辽河右岸的一大支流,发源于铁岭县横道河子乡响儿山,境内河长 178 km,流域面积 2 520 km²。秀水河发源于内蒙古科左后旗,境内河长 87.9 km,流域面积1 353.4 km²。该河泥沙含量大,枯丰期流量变化也较大。

根据 2000 年遥感调查,沈阳市现有各类湖库 103 座,其中大型湖库主要有卧龙湖、三台子水库、泡子沿水库、獾子洞水库、尚屯水库、沈阳西湖;在沈阳与铁岭交界处新建有石佛寺水库。

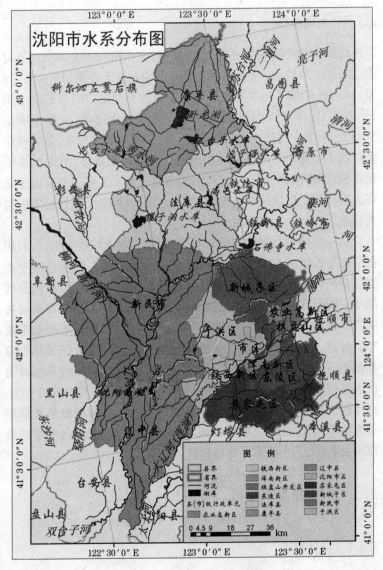

图 3-2 沈阳市水系分布图

3.2.5 土壤植被

沈阳市处于暖温带半湿润气候区,土壤类型有棕壤土、草甸土、水稻土、风沙土、碱土、盐土、沼泽土和泥炭土8类、17亚类、53属、143种,形成了与生物气候带相适应的类型复杂的地带性土壤(见图3-3)。其中平原地区成土过程是草甸化过程,主要土壤是草甸土,土壤中盐基积累量较多,土壤呈中性,肥力较高,是种植业生产的主要用地。平原洼地中的沼泽地地表积水多,湿生植被生长茂密,除腐殖化过程外,还伴有潜育化过程。水稻土和菜园土是在人为作用下形成的两类土壤,与其起源土壤相比,属性已发生很大变化。

从一级植被类型的构成来看,沈阳市以农业植被为主,其面积占全市总面积的95.82%,自然植被仅占4.18%。农业植被中主要包括两种类型:①一年一熟粮作和耐寒经济作物;②一年两熟或两年三熟旱作。两种农业植被面积比为4:5。沈阳市的自然植被属华北植物区系与长白植物区系的近分界处,植被属于暖温带落叶阔叶林。从植被构成看,分为落叶阔叶林、针叶林、榛子丛和草本植物等类型,其中东部丘陵台地以油松林、蒙栎林和辽东栎林为代表性植物群落;而中部和西部的大片土地已开垦为农田,只在个别地段尚存有少量辽东栎林、蒙栎林和油松林。按典型植被群落分为三个区:①低山丘陵落叶阔叶林、针叶林区;②漫岗缓坡棕壤草本植物区;③平原禾草甸植物区。

3.3 社会经济特征

3.3.1 总体概况

沈阳市是辽宁省的省会,也是东北地区政治、经济、文化中心,

图3-3 沈阳市土壤植被分布图

主要的交通枢纽。作为新中国的重工业基地,沈阳形成了完整的工业体系,工业门类达到 184 个,具有很高的综合配套能力和技术水平。改革开放以来,沈阳的传统工业与国际接轨、与高科技接轨,发生了重大的变化。沈阳市农业基础较好,农业生产力发达,粮食供应自给有余,高新农业技术推广取得突破,基本构建成现代化的农业新格局。人民生活得到空前改善和提高,恩格尔系数下降,生活质量和生存环境优越。"十五"前 4 年沈阳市地区生产总值实现年均增长 13.38%。2004 年沈阳市实现地区生产总值 1 900.7 亿元,比上年增长 15.5%,为 10 年来最高增长水平。2004 年全市完成地方财政收入 138.2 亿元,比上年增长 33.5%,并连续 4 年保持了 30% 以上的增速。

3.3.2　人口情况

2004 年末沈阳全市户籍人口 693.9 万人,比上年末增加 4.8 万人,人口自然增长率 0.03‰,在 13 个区县和 5 个开发区中铁西区人口最多,占 11.67%,新城子人口最少,仅占 4%。总人口中,农业人口 247.6 万人,非农业人口 446.3 万人,城镇化率 64.32%。从人口年龄结构分析,60 岁以上的人口占总人口的 14.4%,老龄化速度加快。

3.3.3　产业结构

2004 年沈阳市三次产业结构比例由 2000 年的 6.4∶44.2∶49.4 调整到 5.8∶49.5∶44.7,一产比例逐年下降,产业结构在调整中不断优化。全年第一产业实现增加值 110.7 亿元,增长 14.2%;第二产业实现增加值 940.5 亿元,增长 19.8%;第三产业实现增加值 849.5 亿元,增长 11.1%。

沈阳市是一个以重工业为主的城市,20 世纪 80 年代以前,第二产业一直处于增长趋势,第三产业呈下降趋势。到了 80 年代后,第三产业逐渐发展壮大,比重不断增加,第二产业的比重却有所下降。到了90年代中期,这种变化格局更加明显,沈阳市的三产比重已超过二产比重,成为经济发展的主导产业,沈阳由一个以重工业为主的工业城市,逐步转化为以第三产业为主的,二、三产业协调发展的综合性城市。

在三次产业间经济结构趋于合理的同时,经过几十年的努力,沈阳市工农业产业内部也加快了结构调整。传统服务业不断升级,现代服务业不断加强,改变了多年低速增长格局,经济效益有较大提高。工业经济快速健康发展,2004年末实现工业增加值830.3亿元,其中规模以上工业实现增加值407.7亿元,增长33.6%。同时产品结构向高科技、名优新方向发展。

3.3.4 发展战略

高举邓小平理论和"三个代表"重要思想伟大旗帜,全面贯彻落实科学发展观,紧紧抓住发展第一要务,以振兴老工业基地和构建和谐沈阳为主题,以提高人民生活水平为根本出发点和落脚点,以改革开放和科技进步为动力,整合发展空间,拓展城市功能,做强主导产业,促进经济快速发展和社会全面进步,逐步把沈阳建设成为新型工业城市、法治诚信城市、先进文化城市、模范生态城市"四位一体"的和谐沈阳,成为全国先进装备制造中心、区域性商贸物流和金融中心,实现老工业基地全面振兴和全面建成小康社会,加快建设东北地区中心城市,经济总量力争进入全国副省级城市"第一集团",成为带动辽宁乃至东北振兴的重要增长极。主要包括以下6个方面的基本发展战略:

(1)走新型工业化道路,实现工业经济跨越式发展;

(2)推进城乡协调发展,加快建设社会主义新农村;

(3)拓展发展空间,加快建设东北地区中心城市;

(4)加快推进体制机制创新,不断提高对外开放水平;

（5）深入实施科教兴市战略和人才强市战略，为振兴老工业基地提供智力支撑；

（6）坚持资源开发与环境保护并重，不断增强城市可持续发展能力。

第4章 沈阳市节水型社会
建设规划的原则与依据

4.1 规划指导思想

节水型社会建设是沈阳市落实科学发展观、构建和谐社会的重大战略举措。本次规划将在国家新时期治水方略的统一指导下,遵照国家和辽宁省对节水型社会建设的整体部署,从构建节水型社会的内在需求出发,以建设"四位一体"的和谐沈阳发展战略为指导,对沈阳市节水型社会建设目标、内容及实施方案做出统一安排。通过节水型社会建设,使得"水资源整体效率/效益的充分发挥"成为区域各项战略制定和部署的基本准则,促进全社会由"被动节水"向"主动节水"转变,开创和发展区域"人水和谐"的新局面,从根本上通过水资源的持续利用支撑区域社会经济的持续发展。

4.2 规划目标与意义

4.2.1 规划目标

沈阳市节水型社会建设规划的目标就是在沈阳市水资源综合评价等相关前期工作基础上,实现以下三个方面的目标:

(1)剖析问题,揭示需求。系统剖析区域水资源的基本特征、开发利用中存在问题及原因、未来规划水平年供需平衡态势,在此基础上,揭示沈阳市节水型社会建设的内在需求,明晰沈阳市节水型社会建设方向。

(2)确立目标,明晰内容。结合沈阳市节水型社会建设的内在需求,确立区域节水型社会建设的总体目标、不同规划阶段的建设目标及控制性指标。根据上述建设目标,构建与之相适应的节水型社会建设支撑体系及建设内容。

(3)统一安排,形成方案。对沈阳市节水型社会建设做出统一安排,确立不同规划期的建设任务、重点项目及综合保障措施;分析规划的综合效益,确立规划的审查、验收方案;形成切实可行的建设方案。

4.2.2 规划意义

沈阳市节水型社会建设规划的重要意义体现在以下几个方面:

(1)为构建"四位一体"的和谐沈阳提供重大支撑。节水型社会建设是实现沈阳市构建"四位一体"和谐沈阳发展战略的关键。本次规划将在系统剖析沈阳市对节水型社会建设内在需求的基础上,全面部署沈阳市节水型社会建设内容及实施方案。随着规划的实施,将从整体上提高沈阳市的水资源开发利用效率与效益,系统优化沈阳市水环境与水生态质量,全面提升先进的水文化意识,从而从整体上支撑构建"四位一体"和谐沈阳战略的实施。

(2)为辽河中下游地区水环境与水生态状况的整体优化提供重要保障。辽河中下游地区的水环境污染与水生态退化的综合整治是国家实施"振兴东北老工业基地"战略的重大命题,而沈阳市水环境与水生态的全面改善则是其关键环节。通过沈阳市节水型社会建设,将系统优化区域水环境与水生态质量,从而为辽河中下游地区的水环境与水生态状况的整体优化提供重要保障。

(3)为东北地区节水型社会建设提供新的参照。沈阳市是国家实施振兴东北老工业基地的"龙头",本次规划充分融合国家和地方最新治水思路及节水型社会建设理论技术的新进展;是"十一五"伊始在东北地区编制的首个副省级区域节水型建设规划,可为我国东北相关地区节水型社会建设提供新参照。

4.3　规划原则与依据

4.3.1　规划原则

沈阳市节水型社会建设规划除了要遵循国家和辽宁省对节水型社会建设规划制定的各项原则外,还将特别突出以下几个方面的原则:

(1)实用性原则。本规划将成为沈阳市节水型社会建设的行动指南,要在充分揭示沈阳市对节水型社会建设内在需求的基础上,制定出与市情相吻合的建设目标、建设内容;实施方案任务具体、责任明确;相关保障措施适时、可行。

(2)前瞻性原则。当前,沈阳市正处在整体发展战略优化的关键时期,因此本规划要充分融合规划期沈阳市的整体发展态势及需求;此外,在本次规划中,还要充分融合节水型社会建设相关理论与技术研究的新进展及整体发展趋势,以适应规划期内的总体技术要求。因此,本次规划要充分遵循前瞻性原则。

(3)整体性原则。整体性原则是指规划的目标要充分体现区域对节水型社会建设的内在需求,所布置的建设内容要与建设目标高度吻合,并对建设目标提供有效支撑;不同阶段上的实施方案要形成一个有机整体,并有针对性强、切实可行的保障措施。

4.3.2　规划依据

沈阳市节水型社会建设规划将严格遵照国家法规及相关政

策、部委相关指导性文件以及地方相关法规与规划,主要依据如下。

4.3.2.1 国家法规及相关政策

(1)《中华人民共和国水法》;

(2)《中华人民共和国水污染防治法》;

(3)《中华人民共和国环境保护法》;

(4)《中华人民共和国水土保持法》;

(5)国务院《关于开展资源节约活动的通知》(国办发[2004]30号);

(6)国务院《关于做好建设节约型社会近期重点工作的通知》(国发[2005]21号);

(7)国家《生态县、生态市、生态省建设规划编制导则》。

4.3.2.2 部委相关指导性文件

(1)国家发展改革委员会、科技部、水利部、建设部、农业部《中国节水技术政策大纲》(2005年第17号);

(2)水利部《关于印发开展节水型社会建设试点工作指导意见的通知》(水资源[2002]558号);

(3)水利部《关于印发节水型社会建设规划编制导则(试行)的通知》(水资源[2004]142号)。

4.3.2.3 地方相关法规与规划

(1)《辽宁省振兴老工业基地水利专项规划》;

(2)《辽宁省节水型社会建设发展纲要》;

(3)《沈阳市国民经济和社会发展"十一五"规划纲要》;

(4)《沈阳市灌区发展规划》;

(5)《沈阳市城市供水规划》;

(6)《沈阳市城市水环境保护与建设规划》;

(7)《沈阳市生态城市建设总体规划》;

(8)《沈阳总体生态功能区划与生态保护规划》;

(9)《沈阳循环经济与社会发展规划》;

(10)《沈阳市辽河流域水污染防治"九五"计划与 2010 年规划》;

(11)《沈阳统计年鉴(1996~2004)》。

4.4 规划内容及任务

沈阳市节水型社会建设规划的内容及任务主要包括以下 7 个方面:

(1)校核沈阳市水资源及开发利用评价相关成果,揭示区域水资源特征及开发利用中存在问题,明晰区域水资源综合开发利用的战略选择。

(2)在对不同规划水平年沈阳市的供、需水进行预测的基础上,进行区域水资源的供需平衡分析,确立沈阳市规划水平年的整体配置格局及对节水型社会建设的内在需求。

(3)确立沈阳市节水型社会建设的总体目标、不同规划期的阶段性目标及控制性指标。

(4)确立沈阳市节水型社会建设内容,构建沈阳市节水型社会建设支撑体系。

(5)确立不同规划期内沈阳市节水型社会建设的重点、重大项目及责任主体,投资规模及投融资方式,形成节水型社会建设的整体实施方案,并对实施效果进行评估。

(6)提出沈阳市节水型社会建设的综合保障措施。

(7)对沈阳市节水型社会建设的审查、验收进行安排,提出沈阳市节水型社会建设的综合评价方法。

4.5 基本规定

4.5.1 规划范围及空间单元

全市 12 980 km² 地域范围,整体上划分为城区、开发区和农村三类地域单元。其中,中心城区包括和平、沈河、大东、皇姑、铁西五个区;开发区主要包括铁西新区、浑南开发区、辉山风景区和农业高新区;农村地区为扣除上述两类区域的其他地区。

4.5.2 规划水平年

基准年:2004 年。
近期规划水平年:2010 年。
远期规划水平年:2020 年。

第5章 沈阳市水资源及其
开发利用评价

5.1 水资源数量评价

5.1.1 降水

沈阳市多年平均降水量为 622.5 mm,折合降水量为 80.8 亿 m³。降水的空间变化见图 5-1。不同频率降水量分别为:$P = 20\%$,降水量为 691.7 mm;$P = 50\%$,降水量为 591.7 mm;$P = 75\%$,降水量为 518.9 mm;$P = 95\%$,降水量为 424.3 mm。2004 年全市平均降水量为 566.0 mm,折合水量 73.47 亿 m³,与多年平均值相比,减少 9.02%,相当于平水年。

沈阳市降水量的主要特点是年际间变化较大,全市变差系数在 0.22~0.26 之间,年降水量最大和最小比值在 2.3~3.1 之间变化,多雨地区最丰年降水量一般为最枯年降水量的 2.3~2.8 倍;干旱少雨区最丰年降水量一般为最枯年的 2.8~3.1 倍。降水量年内分配也很不均匀,正常年份最大 4 个月雨量占全年降水量的 71.7% ~77.4%。全市平均最大 1 个月降水量占年降水量 24.9%~30.3%。

5.1.2 蒸发

5.1.2.1 水面蒸发

1956~2000 年间,沈阳市多年平均水面蒸发量为 1 300~

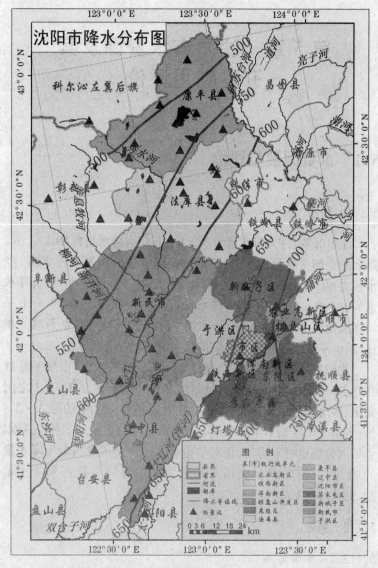

图 5-1　沈阳市降水分布图(单位:mm)

1 800 mm,2004 年平均水面蒸发量为 1 522.3 mm。沈阳市全年
最大月蒸发量出现在 5 月份,约占全年蒸发量的 17%,6 月次之,5
月和 6 月两月蒸发量约占全年总量的 32%。最小月蒸发量一般
出现在 1 月份,最大月蒸发量为最小月蒸发量的 8～10 倍。由于
蒸发的峰值正好出现在作物生长的少雨季节,因而形成了"多春
旱"的特点。

5.1.2.2 陆面蒸发

沈阳市多年平均陆面蒸发量为 450～500 mm。中东部地区,
大多地处辽宁东部山丘区向平原区过渡地带,年陆地平均蒸发量
约为 500 mm。西部的大部分地区,由于降水稀少,气候干旱,年
陆地平均蒸发量减少到 450 mm 左右。

5.1.2.3 干旱指数

沈阳市中部地区干旱指数 r 值近似为 1,西部柳河及养息牧
河和西北部康法地区干旱指数 r 在 1.0～1.5 之间。从干旱指数
可以看出,沈阳市从东部到西部干旱程度具有明显的差异性。

5.1.3 地表水资源量

沈阳市多年平均地表水资源量为 11.02 亿 m³,折合成径流深
85.1 mm;20%、50%、75%、95% 频率的年径流量分别为 16.47 亿 m³、
9.28 亿 m³、5.36 亿 m³ 和 2.01 亿 m³。从地表水资源量的空间分
配来看,中心城区多年平均水资源量为 0.17 亿 m³,仅占全市地表
水资源总量的 1.69%;开发区地表水资源总量为 0.51 亿 m³,仅占
全市地表水资源总量的 4.59%;农村地区的地表水资源总量为
10.34 亿 m³,占全市地表水资源总量的 93.72%。

沈阳市多年平均地表水产水模数为 8.51 万 m³/km²。从分区
变化来看,中心城区多年平均产水模数为 12.01 万 m³/km²,开发区
的多年平均产水模数为 12.91 万 m³/km²,农村地区多年平均产水
模数为 8.32 万 m³/km²。各分区地表水资源量见表 5-1 和图 5-2。

表 5-1　沈阳市地表水资源评价成果

县(区)	计算面积 （km²）	地表水资源量 （亿 m³）	多年平均产水模数 （万 m³/km²）
中心城区	155.0	0.19	12.01
开发区	391.9	0.50	12.91
农村地区	12 409.1	10.34	8.32
合计	12 956.0	11.03	8.51

5.1.4　地下水资源及可开采量

沈阳地下水补给源主要为大气降水入渗、地表水入渗、河流侧向入渗、农田灌溉用水入渗、地下径流等。沈阳境内多年平均地下水综合补给量为 23.68 亿 m³，天然补给量为 14.87 亿 m³，人工补给量 8.81 亿 m³。其中，多年平均降水入渗量为 12.65 亿 m³，地下径流流入量 2.23 亿 m³，河道渗入量 2.71 亿 m³，渠道渗入量 1.75 亿 m³，水田灌溉渗入量 4.34 亿 m³。

从规划区来看，中心城区地下水资源总量为 0.55 亿 m³，占全市地下水资源总量的 2.44%，多年平均产水模数为 35.52 万 m³/km²，是当地地表水资源多年平均产水模数的 3 倍；开发区地下水资源总量为 1.27 亿 m³，占全市总量的 5.62%，多年平均产水模数为 32.32 万 m³/km²，是当地地表水资源多年平均产水模数的 2.5 倍；农村地区地下水资源总量为 20.71 亿 m³，占全市总量的 91.94%，多年平均产水模数为 16.69 万 m³/km²（见图 5-2、表 5-2）。

沈阳市多年平均不重复地下水资源量为 12.54 亿 m³。其中，中心城区不重复量为 0.22 亿 m³，占全市的 1.76%；开发区的不重复地下水资源量为 0.30 亿 m³，占全市的 2.36%；农村地区的不重复地下水资源量为 12.02 亿 m³，占全市的 95.88%。

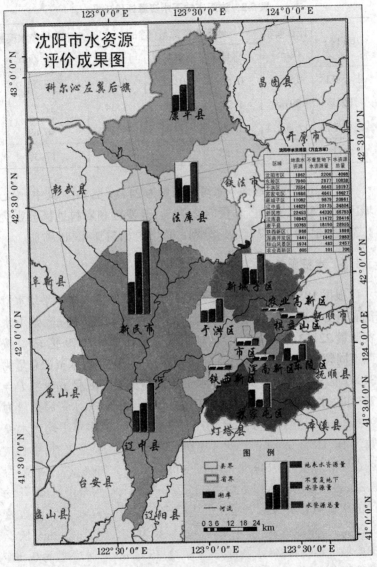

图 5-2　沈阳市多年平均水资源量评价成果(1956～2000 年)

表 5-2　沈阳市地下水资源评价成果

县（区）	计算面积（km²）	地下水资源量（亿 m³）			多年平均产水模数（万 m³/km²）
		总量	不重复量	可开采量	
中心城区	155.0	0.55	0.22	0.58	35.52
开发区	391.9	1.27	0.30	1.34	32.32
农村地区	12 409.1	20.71	12.02	19.27	16.69
合计	12 956.0	22.53	12.54	21.19	17.39

沈阳市多年平均地下水可开采量为 21.19 亿 m³。其中，中心城区为 0.58 亿 m³，占总量的 2.72%；开发区和农村地区分别为 1.34 亿 m³ 和 19.27 亿 m³，分别占总量的 6.31% 和 90.97%。

5.1.5　水资源总量

根据 1956～2000 年长系列资料计算，沈阳境内多年平均水资源总量为 23.56 亿 m³。其中，地表水资源量 11.02 亿 m³，地下水资源量 22.53 亿 m³，地表水、地下水重复计算量 9.99 亿 m³。按照不同频率计算水资源总量分别为：当 $P = 20\%$ 时，水资源总量为 31.71 亿 m³；当 $P = 50\%$ 时，水资源总量为 21.98 亿 m³；当 $P = 75\%$ 时，水资源总量为 15.83 亿 m³；当 $P = 95\%$ 时，水资源总量为 9.21 亿 m³。沈阳市多年平均产水系数为 0.30，多年平均产水模数为 18.18 万 m³/km²。就各规划水资源总量的特征来看，中心城区水资源总量为 0.47 亿 m³，占全市总量的 1.73%，产水系数为 0.38，多年平均产水模数为 26.25 万 m³/km²，均为全市之最；开发区的水资源总量为 0.79 亿 m³，占全市总量的 3.37%，产水系数为 0.29，为全市最低区，多年平均产水模数为 20.26 万 m³/km²，低于中心城区；农村地区水资源总量为 22.35 亿 m³，产水系数为 0.30，多年平均产水模数为 18.02 万 m³/km²，为全市最低（见表 5-3、

图 5-2)。

表 5-3 沈阳市水资源总量评价成果

县(区)	计算面积 (km²)	降水量 (亿 m³)	水资源总量 (亿 m³)	产水系数	多年平均 产水模数 (万 m³/km²)
中心城区	155.0	1.07	0.41	0.38	26.25
开发区	391.9	2.71	0.79	0.29	20.26
农村地区	12 409.1	73.82	22.36	0.30	18.02
合计	12 956.0	77.60	23.56	0.30	18.18

5.2 水资源质量评价

5.2.1 地表水资源质量

5.2.1.1 河流水质

沈阳市河流均未达到功能区划标准,污染仍较严重,主要超标污染物为氨氮、总磷、化学需氧量和生化需氧量。

2004 年(现状年)辽河(沈阳段),全年水质类别总体评价为劣 V 类水质。入境马虎山桥断面有 5 项指标超标,其中化学需氧量超标 0.6 倍、生化需氧量超标 0.6 倍、氨氮超标 0.1 倍、总磷超标 0.3 倍、高锰酸盐指数超标 0.5 倍,其他指标均达标。出境红庙子桥断面有 5 项指标浓度值超标,其中化学需氧量超标 0.5 倍、生化需氧量超标 0.3 倍、氨氮超标 0.1 倍、总磷超标 0.3 倍、高锰酸盐指数超标 0.4 倍,其他指标均达标。出境水质明显优于入境水质。辽河沈阳段各支流河中八家子河污染最重,化学需氧量年均浓度4 974 mg/L,超标 123.4 倍;其次为左小河,化学需氧量年均浓度 304 mg/L,超标 6.6 倍;拉马河水质相对较好。

2004 年浑河(沈阳段),全年水质类别总体评价为劣 V 类水质,上游东陵大桥断面至沈大铁路桥断面彻底消除季节性恶臭,主要污染物指标化学需氧量、生化需氧量、高锰酸盐指数等均达到国家地表水 IV 类水质标准,仅氨氮超标 1.2 倍、总磷超标 0.4 倍。下游沈大铁路桥断面至于家房断面有 4 项指标超标,其中化学需氧量 0.5 倍、生化需氧量超标 0.7 倍、氨氮超标 6.2 倍、总磷超标 2.1 倍。浑河沈阳段 5 条支流中,满堂河水质达到国家地表水 V 类水质标准,细河氨氮、化学需氧量、总磷和生化需氧量浓度年均值超过国家地表水 V 类水质标准,分别超标 25.6 倍、6.6 倍、7.8 倍和 6.6 倍;杨官河、白塔堡河和蒲河分别有 2 项、3 项和 4 项指标年均值超标。

5.2.1.2　湖库水质

2004 年主要监测的水库有 11 座,其中三合成水库、泡子沿等水库水质达到国家地表水 III 类水质标准;三台子水库、花鼓水库水质达到国家地表水 V 类水质标准;棋盘山水库、团结水库、仙子湖水库、四道号水库达到国家地表水 IV 类水质标准。达到功能区标准的有 6 座水库(见表 5-4)。

5.2.2　地下水资源质量

2004 年全市共设监测井位 90 眼,市内五区 23 眼,郊区(县) 67 眼,其中有 4 眼井因搬迁等原因未获得监测数据。在监测的 86 眼井中,优良井、良好井 37 眼,占监测井总数的 43%。有 49 眼井出现不同程度的超标现象,占监测井总数的 57.0%。监测的 18 项指标中,氨氮超标最为普遍,超标井数 29 眼,超标率 33.7%;其次是亚硝酸盐氮,超标井数 11 眼,超标率 12.8%,高锰酸盐指数超标井数 5 眼,超标率 5.8%。沈阳市地下水主要污染物超标情况见表 5-5。

表 5-4 2004 年沈阳市主要水库水质监测结果

（单位:mg/L）

区、县	名称	项目						水质级别
		溶解氧	高锰酸盐指数	氨氮	硝酸盐氮	总磷	叶绿素 a	
开发区	棋盘山水库	7.9	4.8	<0.05	0.09	0.04	0.04	Ⅳ类
辽中县	团结水库	6.4	10.4	1.34	0.1	0.303	0.018	Ⅳ类
法库县	獾子洞水库	5.6	3.4	0.15	0.12	0.098	0.036	Ⅲ类
	三合成水库	5.8	2.9	0.17	0.17	0.095	0.04	Ⅲ类
	泡子沿水库	5	3.8	0.21	0.11	0.191	0.004	Ⅲ类
	尚屯水库	7.2	6	0.2	0.12	0.122	0.006	Ⅲ类
	牛其堡水库	3.5	4.2	0.22	0.19	0.1	0.033	Ⅲ类
新民市	仙子湖	6	8.7	1.25	0.03	0.17	0.006	Ⅳ类
康平县	三台子水库	4.5	10.2	1.53	0.15	0.005	0.008	Ⅴ类
	花鼓水库	4.8	7.6	1.31	0.06	0.009	0.004	Ⅴ类
	四道号水库	5.5	6.8	0.181	0.08	0.011	0.012	Ⅳ类

表 5-5 沈阳市地下水主要污染指标超标情况

项目	挥发酚	氨氮	亚硝酸盐氮	硝酸盐氮	高锰酸盐指数	六价铬	总硬度
全市均值(mg/L)	0.002	0.48	0.017	5.71	1.503	0.025	305
执行标准(mg/L)	0.002	0.2	0.02	20	3	0.05	450
超标井数(眼)	3	29	11	4	5	2	14
超标率(%)	3.5	33.7	12.8	4.7	5.8	2.3	16.3

2004 年沈阳市地下水水质主要污染物为氨氮、亚硝酸盐氮和高锰酸盐指数,其中氨氮、亚硝酸盐氮年均值分别比 2003 年升高了 8.9% 和 54.5%,高锰酸盐指数年均值比 2003 年降低了 11.8%。

从地下水污染的行政区分布来看,皇姑、铁西、大东重工业区的部分地段出现一些工业污染中心,地下水质量表现较差;铁西区路官街、和平区哈尔滨路、大东区莲花街和东贸路一带出现 4 处极差地段,主要超标污染物为铁、锰、硝酸盐、亚硝酸盐。水质较好区域主要分布在水质较差中心城区的外围,该区内地下水适用于集中式生活饮用水水源。

5.3 水资源开发利用评价

5.3.1 供水工程(设施)及供水能力

5.3.1.1 常规水源供水工程

(1)蓄水工程:指水库和塘坝(不包括鱼池、藕塘及非灌溉用的涝池或坑塘,以及专为引水和提水工程修建的调节水库)。全市共有蓄水工程 315 座。其中,中型水库 11 座,小型水库 25 座,塘坝 263 座。蓄水工程总库容 6.30 亿 m^3。

(2)引水工程:指从河道地表水体自流引水的工程(不包括从蓄水、提水工程中引水的工程)。全市共有引水工程 12 处。其中,大型 1 处,小型 11 处。设计供水能力为 10.52 亿 m^3。其中,大型 8.88 亿 m^3,小型 1.64 亿 m^3。现状供水能力为 1.24 亿 m^3。其中大型 0.90 亿 m^3,小型 0.34 亿 m^3。

(3)提水工程:指利用扬水泵站从河道地表水体提水的工程(不包括从蓄水工程中提水的工程)。全市共有提水工程 49 处。其中,中型 1 处,小型 48 处。设计供水能力为 0.74 亿 m^3。其中,中型 0.44 亿 m³,小型 0.30 亿 m³。现状供水能力为 0.70 亿 m³。其中,中型 0.44 亿 m³,小型 0.26 亿 m³。

(4)调水工程:指跨一级区或独立流域之间的调水工程。沈阳市现有调水工程两处,即大伙房水库供水工程和"北水南调"石佛寺供水工程。2005 年起石佛寺水库每年可向沈阳市供水 0.91 亿 m³。2007 年开始沈阳市大伙房水库输水工程将投入使用,预计到 2010年可实现调水 4.87 亿 m³/a。

(5)水井工程:全市共有浅水井 9.47 万眼。其中,生产井 5.22 万眼(配套机电井 5.18 万眼),手压井及民用小井 4.25 万眼。现状年供水能力为 22.05 亿 m³。

(6)城市供水:沈阳市现拥有市政水源供水厂 9 座,最高日供水量为 145 万 m³ 左右,实际供水能力 155 万 m³/d。现有输配水管网的总长度已达到 2 603km(不含小区内网),供水管网漏失率为 20%～24%。沈阳市目前工业自备水源供水量约为 14.3 万 m³/d,其中城区工业自备井开采量达 12.3 万 m³/d(城乡接合地区有部分井未计),浑南新区现有水源供水量为 1.0 万 m³/d,其余为沈阳经济技术开发区水源供水量。

5.3.1.2 非常规水源利用工程

2004 年沈阳市已建成 5 座城市污水处理厂,总处理能力为 92 万 t/d;目前在建 7 座,可增加处理能力 50.5 万 t/d,2005 年底全市城镇污水处理能力达到 142.5 万 t/d(见表 5-6)。2004 污水再生利用量为 2.57 亿 m³。

5.3.2 供水量

2004 年沈阳市供水总量 26.87 亿 m³,其中:地表水供水量 5.29 亿 m³,占供水总量的 19.7%;地下水供水量 19.01 亿 m³,占供水总量的 70.7%;污水再生利用量 2.57 亿 m³,占供水总量的 9.6%。从各分区的供水情况来看,如表 5-7 所示,中心城区的供

水量为 9.39 亿 m^3,占全市总供水量的 34.9%;农村地区的供水量
为 17.23 亿 m^3,占全市的 64.1%。

表 5-6 沈阳市已建和在建污水处理厂情况

序号	名称	项目建设规模	备注
1	北部污水处理厂	40 万 t/d	已运行
2	仙女河污水处理厂	20 万 t/d	已运行
3	沈水弯污水处理厂	20 万 t/d	已运行
4	五里河污水处理厂	10 万 t/d	已运行
5	满堂河污水处理厂	2 万 t/d	已运行
小计	目前已形成 92 万 t/d 的处理能力		
1	浑南污水处理厂	4 万 t/d	在建
2	辽中污水处理厂	5 万 t/d	在建
3	仙女河污水处理厂二期	20 万 t/d	在建
4	张士污水处理厂	15 万 t/d	在建
5	南小河污水处理厂	1 万 t/d	在建
6	辉山河污水处理厂	0.5 万 t/d	在建
7	辉山明渠污水处理厂	5 万 t/d	在建
小计	2005 年底可新增 50.5 万 t/d 的处理能力		

表 5-7 2004 年沈阳市供水一览表　　(单位:亿 m^3)

区域	地表水	地下水	污水再生利用	供水总量
中心城区	1.96	4.86	2.57	9.39
开发区	0.20	0.05	0	0.25
农村	3.13	14.10	0	17.23
全市	5.29	19.01	2.57	26.87

注:开发区仅指建设中的浑南新区和农业高新区。

5.3.3 用水量

2004 年沈阳市用水总量 26.87 亿 m³,其中:农田灌溉用水量 14.28 亿 m³,占用水总量的 53.1%;工业用水量 2.86 亿 m³,占用水总量的 10.7%;居民生活用水量 2.62 亿 m³,占用水总量的 9.8%;城镇公共用水量 2.67 亿 m³,占用水总量的 9.9%;林牧渔业用水量 1.37 亿 m³,占用水总量的 5.1%;生态环境用水量 3.07 亿 m³,占用水总量的 11.4%;全市用水总量比上年增加 0.09 亿 m³。

5.3.4 耗水量

2004 年沈阳市耗水总量 18.48 亿 m³,综合耗水率 68%。其中:农田灌溉耗水量 10.35 亿 m³,耗水率 65.8%,为全市各用水行业耗水大户;工业耗水量 1.38 亿 m³,耗水率 32%;城镇公共耗水量 1.41 亿 m³,耗水率 68%;居民生活耗水量 2.63 亿 m³,耗水率 90%;林牧渔畜业耗水量 1.2 亿 m³,耗水率 88%;生态环境耗水量 1.51 亿 m³,耗水率 85%。

5.3.5 污水排放

2004 年沈阳市城区污水排放量为 156.86 万 t/d,其中经过污水处理厂处理后排放量为 68.4 万 t/d,处理排放率为 43.6%。沈阳市城市污水排放主要以生活污水和工业废水为主,组成复杂,其中城市生活污水约占 60%,主要由南部污水排放系统排放;工业废水约占 40%,主要由西北部污水排放系统排放。2004 年沈阳市城市污水中化学需氧量、悬浮物、氨氮、石油类、总磷等 16 种污染物排放量为 276.89 t/d,排在前三位的污染物依次为化学需氧量、悬浮物和氨氮,排放量分别为 155.50 t/d、86.80 t/d 和 24.73 t/d,分别占城市排放总量的 56.2%、31.3% 和 8.9%,合计占城市排放总量的 96.4%。

2004 年沈阳市 4 个郊区和 4 个县(市)的废水排放总量为 28.78 万 t/d,主要废水污染物化学需氧量排放量为 45.76 t/d、氨氮排放量为 7.47 t/d。除东陵区满堂乡建成满堂河污水处理厂、辽中县正在建设辽中污水处理厂外,其他郊县均未建污水处理厂,污水直接排入受纳水体。

2004 年沈阳市通过面源(包括农村生活污染源、农田径流污染物、畜禽养殖污染源、城市径流污染物、矿山径流污染物)污染产生的废污水量为 0.4 万 t/d,化学需氧量排放量为 0.72 t/d,氨氮排放量为 0.1 t/d。

2004 年沈阳市污水排放总量为 185.64 万 t/d,主要污染物化学需氧量和氨氮的排放总量分别为 201.26 t/d 和 32.20 t/d。沈阳市污水及污染物排放总量集中在城区,城区污水排放量占全市排放总量的 84.32%,化学需氧量和氨氮两种主要污染物排放量占全市排放总量的 76.93%,主要影响水体是浑河城市段。

5.3.6 用水水平评价

2004 年沈阳市人均水资源量 339m³,是全省水平的 1/4,全国水平的 1/8,属于严重缺水地区。分区人均水资源占有量差异显著,2004 年沈阳市城区人均水资源量 12.48 m³,农村人均水资源量 640m³。万元 GDP 用水量 157m³,低于全国平均水平,处于国内较先进水平;生活用水中,平均城镇生活用水定额为 137 L/(人·d),农村居民用水指标为 56 L/(人·d),与全国平均水平相比,城镇生活用水指标偏高,城市供水管网的漏失率高达 20%以上;城市节水器具的普及率为 24%,城镇生活节水具有一定潜力;工业用水万元增加值综合用水定额为 88 m³,低于全国平均水平,但与一些先进城市相比仍有一定的差距。工业用水的重复利用率不高,现状年仅为 70%。因此,今后要加大对工业节水潜力的挖潜,主要包括工业内部产业结构的优化调整、技术改造实现用水效率的提高。全市的农业用水占总用水量的比重大,但旱田灌溉定额高于全国平均水平,渠系水利用系数现状年为0.5,略高于全国平均水平,微落后于松辽流域整体标准。从以上综合用水指标分析,沈阳市的整体用水水平较高,万元GDP用水量、工业用水定额等指标均处于国内先进水平,但个别指标落后于同类发展地区,如农业灌溉用水定额偏高、城市管网漏失率高、节水器具普及率低,因而城市节水仍有较大潜力。

5.4 存在问题

随着沈阳市社会经济发展的加速和振兴东北老工业基地规划的开展,水资源短缺和用水水平落后已经成为制约区域社会经济可持续发展的瓶颈因素之一,水资源供需矛盾将日益突出。目前,沈阳市水资源开发利用和管理中存在的主要问题表现在以下几个方面。

5.4.1 水资源短缺,供需矛盾日益突出

沈阳市多年平均水资源量为23.56亿 m^3,人均水资源占有量仅为339 m^3,只有全国人均水平的1/6左右,属于水资源短缺地区。水资源的时空分布不均,年内、年际变化大,特别是连续干旱年份的出现,加剧了水资源供需矛盾。境内多处地区出现地下水超采漏斗,形成资源性的短缺,尤以城区内最为严重。据估算,"十五"期间沈阳市的年均缺水量在8.79亿 m^3,其中城区缺水0.34亿 m^3/a,农村缺水8.45亿 m^3/a。随着今后城市建设规模的不断扩大和人口的增长,沈阳市水源短缺的范围将不断扩大。

5.4.2 用水结构不合理,水生态环境恶化

当前,沈阳市农业、工业和生活用水依然占据主导地位,并在一定程度上挤占了生态环境用水。在地表水方面,城市景观用水明显不足,如南运河、北运河、卫工河每年只有农灌季节有较大量的浑河水引入,其他时间水量很少,随着污水的排入,水体自净能力降低,加上污水处理设施能力不足,造成较为严重的水体污染。统计资料显示,当前辽河(沈阳段)水质总体评价为劣Ⅴ类水质,浑河(沈阳段)水质总体评价为劣Ⅴ类水质。在地下水方面,地下水资源的过量开采,致使污染物入渗速度加快,改变了地下水在天然状态下各种化学成分含量的比例,并使地下水污染范围随着超采漏斗面积的扩大而扩大,使得地下水质量下降。例如,在浑河近岸地区的部分地下水源水质中氨氮和铁、锰超标,有油味,造成一些生产井的关闭。可以说,水污染的日益扩大和加重,造成沈阳城市生态环境质量不断恶化,使得沈阳不仅存在资源性缺水,也面临较为严重的水质性缺水,进一步加剧了水资源短缺的形势。

5.4.3 水资源利用方式粗放,利用效率不高

近些年来,尽管沈阳市实施了一些节水措施,但在节水工作实施过程中,由于节水重点不甚突出、节水方案不够系统化、方案实施步骤不够明确,节水效果并不十分明显。在供水方面,城市供水管网已年久失修,配套设施不齐全,人为原因对供水设施的破坏现象严重,管网漏损率高达 22%,并有逐年增高的趋势。在用水方面,从农业用水看,一些灌区中仍存在大水漫灌的现象,节水、高效新技术的推广受到很大限制,农业灌溉水利用系数较低;从工业用水看,沈阳市基础性产业比重较大,工业用水量大,水资源利用率低,工业用水的重复利用率仅为 70% 左右;从生活用水看,机关、企事业单位、公共场所和居民家庭,由于管理不到位,新型节水器

具的普及率低,水的跑、冒、滴、漏现象随处可见。从整体上看,沈阳市水资源利用方式依然比较粗放,供用水的效率低下,节水潜力有待于进一步挖掘。

5.4.4 水资源管理机制不健全,信息化水平有待提高

当前,沈阳市水资源管理方面存在的问题主要包括以下方面:一是在管理体制上,水资源管理分割现象十分严重。长期以来,沈阳市水资源、供水、排水、回水事务和节水、水保管理一直由多部门分头、分段、分块管理。尽管近年来政府加大了改革力度,由水利局负责全市节水工作等,但仍未从根本上理顺和建立统一高效的水管理体制。二是水管理的法律、法规尚不完善,水资源管理中存在有法不依、执法不严、以权谋私等突出问题。三是经济调节手段尚未充分发挥作用。受计划经济体制用水政策的影响,沈阳市现行的水价整体上偏低,结构上不合理,不能发挥对节约用水的激励作用。此外,初始水权分配不明晰,水市场的发展缓慢,制约了水资源通过市场手段进行优化配置。四是水资源管理的信息化技术水平不高。当前,沈阳市水资源管理技术落后,水资源信息化程度有待提高,城乡水管理网络体系有待健全,用水计量和水情监测设施体系有待进一步完善。

5.4.5 公众节水意识不高,参与平台不完善

目前,沈阳市社会公众的水资源忧患意识和节水意识淡薄,节约用水、少排污废水和依法保护水资源等行为在社会公众中较少,人们尚未将节水与水资源保护作为一种生活习惯和生活方式。此外,沈阳市还没有形成公众参与的合理渠道与方式,社会公众缺乏参与水资源管理的积极性,民主管理、民主决策与民主监督的机制尚未得到建立。

第 6 章　沈阳市需水预测及
供需平衡分析

典型区水资源需求预测模型的计算包括无调节节水措施下的水资源需求分析和节水型社会建设中的有调节因子的需水预测模型。其中,无调节措施分析,是在经济发展、人口增长等指标常规发展作用下整个社会、经济的水需求情况;节水措施调节下的需水预测模型,充分考虑在水需求驱动因子和节水因子共同作用下水需求的变化过程。本章主要指出节水型社会的 3 大主要节水措施——节水技术进步带来用水效率提高对水需求的影响、产业结构变动对水需求的影响、水价调整对水需求的影响,每一种调节都会有一个需水预测量的减少结果,各种措施综合影响下的输出结果就是有效的水资源需求量(见图 6-1)。对于节水型社会上层建筑构建对需水的影响,由于其未来的规划数据定量化分析缺乏基础性工作,因此未作为独立项分析,而是紧抓了目前节水型社会建设阶段对节水影响最大的因子考虑。

6.1　需水预测模型的发展

对需水预测模式进行分类,基本上可概括为三种模式:以需定供、以供定需和循环型模式[29]。

6.1.1　以需定供模式

在我国水资源开发利用初期,在做水资源规划进行需水量预测时,采用以需定供的模式,都是根据工业产值、人口发展及灌溉

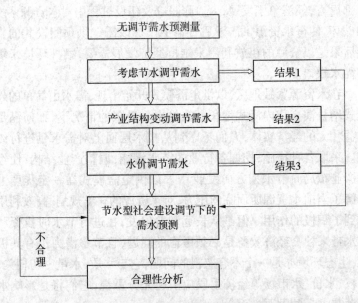

图 6-1 节水型社会建设需水预测调节步骤

面积等指标和相应的定额来预测水资源需求量。在新中国成立初期生产力水平还不是很高、经济发展规模不大的情况下,且水利工程的投资费用多由国家承担,农民以投工投劳的形式分担,这种需水预测模式有其存在的空间。

以需定供模式的主要特征是:水资源开发利用以需求为导向,利用粗放且以供水工程建设为主体,是典型的工程水利;它有其时代特征,在计划经济时期,以需定供模式符合其经济发展规律[30]。即使发达资本主义国家在早期进行水资源需求量预测时,也是采用这种模式,只是这种模式预测出的结果偏大,应该加以修正。

6.1.2 以供定需模式

就水资源本身来讲,开发利用越来越难,水资源承载力有限;

外部而言,经济急剧发展,人口膨胀以及建设过程中对水资源系统的破坏,使得水资源供需矛盾日益突出。以需定供预测模式的直接后果是以资源的粗放利用来维持经济发展需要,牺牲环境来填补需水缺口。

在水资源紧缺地区,以供定需模式开始出现,需水由简单的外延式增长演变成内涵式增长。在供水量受限的情况下,如何满足日益壮大的经济实体,人们考虑到从技术层面上对需求量进行约束。采取各种措施,挖掘各行业的节水潜能,调整产业结构,使经济产业布局向节水型方向发展[31]。以供定需模式在一定程度上缓解了当前水资源所面临的压力,对水资源的科学规划、高效利用起到了积极的作用。但是从长远利益出发,在进行节水时投资和节水带来社会经济效益是必须考虑的问题,且节水潜力也有其极限;生态环境亦是一个不容忽视的问题,它与水质、水量密切相关;水权、水价、水市场等经济手段应引起充分重视,它们将是影响水资源需求量的重要方面[32]。

6.1.3 循环型模式

水资源问题的复杂性以及与生态环境的高度相关性,使得水资源需求必须注意对生态环境的影响,循环型需水预测模式以遵循生态规律为基础,按照循环经济提倡的资源闭合循环利用方式,进行水资源开发利用各环节的资源化管理,既能提高水的利用效率,又能实现对环境的保护[33]。

水资源开发利用方式发生了重大转变,逐渐由工程水利向资源水利转变,由传统水利向可持续发展水利转变。在对以需定供和以供定需模式反思的基础上,提出循环型模式。循环型模式的特征是:依据循环经济的减量化、再利用和再循环三原则,减少水资源在生产过程中的投入,使用过程中多次重复利用,输出端所消耗的水资源及其排放废物对生态环境造成污染破坏的那部分,通过环境治理和对生态环境进行恢复补偿,以提高它们的承载能力,实现资源的循环利用和社会可持续发展[34]。

6.2　需水预测模型的改进

以往人们在进行水资源需求量预测时,在选取指标上,往往根据经验或者按国家标准来,并没有考虑居民家庭收入、供水水价、经济增长方式、水资源丰枯、供水工程条件、技术条件、社会意识形态等多方面因素的影响,这样得出的需水量预测结果一般都偏大。由于水资源需求预测是一个复杂的大系统,影响水资源需求量增长的因素较多,且这些因素间的关系复杂,因此需水预测必须利用所有可能获得的反映过程变化趋势的动态信息,以水资源的可持续利用为基础,借鉴合理的预测模型,才能有效提高预测精度。基于节水型社会建设中的需水预测变革包括四方面:一是节水型社会建设的需水预测中社会经济的发展是内涵式发展,在循环经济的发展模式中,需水量将不会随着经济发展迅速增加,而是呈现出 S 形趋于稳定的增长趋势;二是水资源需求受到诸多因素的影响,在资源环境的承载能力与社会经济的承受能力的约束下,还要考虑各种因素的定量化影响和综合作用,针对节水型社会建设的不同发展阶段采取不同的调节措施;三是循环经济模式下,传统意义上水资源的内涵有所扩大,不仅包括了地表水、地下水、土壤水,而且还包括了雨水直接利用和再生水、劣质水及海水的直接利用,这些替代性水源不同程度的利用必然要影响到传统意义上的水资源需求,在预测中应当有所反映;四是水资源需求不仅包括了传统的生活、工业、农业这三部分组成的单一社会经济需水预测,而且还拓展到生态环境系统中,考虑生态环境需水,为区域社会、经济、环境的协调发展提供水资源保障。

6.3 人口发展与城镇化进程预测

6.3.1 人口发展趋势

人口的增长与社会经济的发展、人民生活消费水平、人们的思想观念以及国家的大政方针都有着密切的关系。从20世纪80年代到90年代初,沈阳市的人口经历了一个高速增长阶段,人口增长率达到了一个峰值,1981~1985年年均增长速度为10.0‰,1986~1990年年均增长速度达到了12.7‰,之后人口增速放缓,进入了稳步增长时期,1991~2004年人口平均增长速度为2.85‰。一般人口的增长速度有一定的周期性,在长时期内增长呈波浪形曲线。图6-2为沈阳市1976~2000年分5个时段的人口增长率曲线。

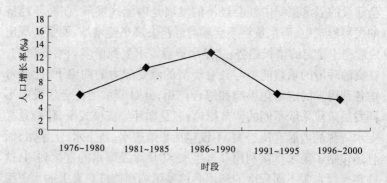

图6-2 沈阳市历史人口增长趋势图

6.3.2 人口预测方法和结果

人口的发展,不仅具有发展惯性的作用,而且受城镇化水平的发展趋势和未来国民经济与社会发展规划中诸多发展目标的影响。本次人口发展预测在综合考虑以上诸多因素的基础上，采用回归分析法，用于分析、研究一个变量(被解释变量)与一个或多个其他变量(解释变量)的依存关系，其目的就是依据一组已知的或固定的解释变量之值，来估计或预测被解释变量的总体均值。具体预测模型和检验参数如下：

$$TPOP = \exp[1.319\,223\,826 \times \ln(TPOP(-1)) - 0.351\,286\,886\,1 \times \ln(TPOP(-2)) + 0.213\,209\,463\,7]$$

$t = 6.88、2.02、2.64; R^2 = 0.998; F = 5\,454.7; DW = 1.98$。

式中：$TPOP$、$TPOP(-1)$、$TPOP(-2)$分别表示当年、前一年和前两年的人口。

根据沈阳市历史人口分析，认为沈阳市适宜人口发展的空间很大，未来水平年流动人口迁入的比重增长很快，这将成为规划水平年人口增长的主要因素。但从人口结构分析预测，沈阳市 0～14 岁的人口比重逐渐减少，65 岁以上老年人口逐渐增加，老龄化速度加快，这些因素也在一定程度上起到了控制人口规模的作用。结合上述分析，预计 2004～2010 年沈阳市人口增长率为 11.1‰，2010 年总人口将达到 741.3 万人，按照人口增长周期，2010～2020 年沈阳市人口增长速度将降低，人口年均增长率为 10‰，2020 年沈阳市人口达到 818.6 万人。

6.3.3 城镇化水平预测

城镇化率的预测方法有两类：一类是相关系数法，利用某一指标与城镇化率的关系进行相关分析，比如城镇化进程与人均 GDP 就存在某种线性关系；另一类是趋势外推法，通过分析历史资料，归纳出城镇化的发展趋势，从而推出未来不同水平年的城镇化率[35](见图 6-3)。

城镇化进程是反映一个地区经济发展水平的高低，城镇是经济、政治、文化的中心，以城镇为中心，形成一个较大的辐射区域，

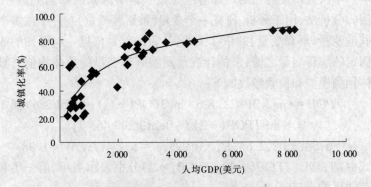

图 6-3　世界主要国家人均 GDP 与城镇化率模拟曲线

从而带动周边地区的发展。沈阳市 1980～2000 年各时期非农业人口数以及所占总人口比重如表 6-1 所示。

表 6-1　沈阳市不同时期的非农业人口统计

行政分区	非农业人口(万人)					非农业人口占总人口比例(%)				
	1980 年	1985 年	1990 年	1995 年	2000 年	1980 年	1985 年	1990 年	1995 年	2000 年
和平区	38.20	47.79	54.07	63.10	63.39	0.68	0.82	0.87	1.00	1.00
沈河区	36.50	45.66	51.66	58.06	59.97	0.76	0.88	0.91	1.00	1.00
大东区	39.17	47.54	55.44	62.14	64.17	0.79	0.90	0.96	1.00	1.00
皇姑区	44.39	53.00	60.84	66.43	71.44	0.86	0.96	0.98	0.99	1.00
铁西区	46.39	62.03	67.66	73.87	76.03	0.78	0.97	0.95	0.99	1.00
苏家屯	12.57	15.73	17.80	15.20	20.40	0.35	0.40	0.43	0.37	0.49
东陵区	9.99	12.50	14.14	13.35	15.60	0.29	0.35	0.37	0.33	0.38
新城子	6.80	8.50	9.62	10.87	11.58	0.27	0.30	0.32	0.36	0.39
于洪区	8.48	10.61	12.00	11.06	13.36	0.28	0.32	0.34	0.31	0.35
辽中县	5.78	7.24	8.19	8.30	9.28	0.12	0.15	0.17	0.17	0.18
康平县	4.67	5.84	6.61	6.17	7.64	0.15	0.19	0.21	0.19	0.22
法库县	4.87	6.10	6.90	6.40	7.22	0.12	0.14	0.16	0.15	0.16
新民市	8.18	10.23	11.58	12.90	13.22	0.13	0.16	0.18	0.19	0.19
沈阳市	265.98	332.76	376.50	407.85	433.30	0.46	0.55	0.58	0.61	0.63

从表 6-1 不难看出,沈阳市非农业人口的增长速度比较平稳,其中 20 世纪 80 年代初期的城镇化率增幅最快,以后每隔 5 年平均增长 3 个百分点。到现状年为止沈阳市非农业人口为 446.3 万人,占总人口的比重已达到了 64%。美国地理学家诺瑟姆在总结大量国家城镇化过程中发现城镇化进程是一条拉平的"S"曲线,即在城市人口比重达到一定程度后(一般认为 30%),城镇化进程加快;而继续发展到一定程度后(一般认为 70%),城镇化速度又逐渐放慢,并趋于停滞。

在借鉴世界城镇化率的发展过程,结合沈阳市的实际情况和未来的城市发展规划,运用趋势法进行城镇化水平预测。2004 年沈阳市城镇化率为 64%,从城镇化进程的发展规律来看,沈阳市已接近了城市化进程的高水平阶段,本次城镇化预测以 2004 年为基准,预计沈阳市的城镇化进程将稳步推进,到 2010 年、2020 年将分别达到 66.5%、68.7%,沈阳市城镇化率预测结果见表 6-2。

表 6-2　沈阳市城镇化率预测

行政分区	城镇化率(%)		
	2004 年	2010 年	2020 年
和平区	100.00	100.00	100.00
沈河区	100.00	100.00	100.00
大东区	100.00	100.00	100.00
皇姑区	100.00	100.00	100.00
铁西区	100.00	100.00	100.00
苏家屯	50.13	60.00	100.00
东陵区	43.56	58.00	59.60
新城子	38.04	55.00	57.00
于洪区	36.57	46.00	50.00
辽中县	17.72	29.00	32.00
康平县	21.21	32.00	37.00
法库县	18.35	28.00	33.00
新民市	19.20	31.00	54.00
沈阳市	64.32	66.50	68.70

6.4 宏观经济发展预测

社会经济发展预测是需水预测和水资源合理配置的基础。社会经济发展预测包括人口和城镇化预测、国民经济发展及其结构预测、灌溉面积发展预测等内容。上节已对人口和城镇化率指标进行了分析预测,本次重点进行国民经济需水预测中经济增长规模预测和产业结构优化评价,通过建设 Gams 模型,设定约束变量和预测参数,求解在水资源约束下的经济发展问题,预测结果参照沈阳市国民经济发展"十一五"规划进行适当修正。

6.4.1 水资源和环境承载能力约束下的经济增长模型

水资源约束条件下的国民经济增长和结构最优化问题,不仅涉及国民经济的近、远期增长问题,而且涉及产业结构的优化配置问题[36]。

从经济学角度分析,水资源和水环境即水资源的量与质同经济增长间存在相互依存关系。一方面,经济的增长依赖于大量的水资源投入和良好的水资源质量;另一方面,水资源的可持续利用也要以经济发展的一定水平为前提[37]。因此,模型中目标函数的建立有两种形式:一种是在水资源约束下以经济增长最大为目标函数;另一种是在经济发展规模限制下的水资源量最小。这两类问题实质上是线性规划的两个对偶问题,一般情况下是同等的。但是在水资源对国民经济发展的影响已十分显著时,如何解决水资源与国民经济发展宏观目标间的冲突,就要择优保障水资源的平衡发展[38]。因此,本书在沈阳市经济处于高速发展的时期,确定以国民经济用水量最小为目标,通过优化产业布局、调整经济结构等措施约束,实现国民经济发展与水资源的动态平衡。

建模思路如下:

(1)目标函数。在满足区域水资源和生态保护的条件下,在结构调整中以总的用水量最小为约束,同时使调整后的产业结构最优[39]。

$$W_t = \min \sum_{i=1}^{n} \sum_{j=1}^{m_i} w_{ijt} c_{ijt}$$

式中:W_t 为各时段总用水量;c_{ijt} 为用水量第 j 行业在 i 区域 t 时段的产值;w_{ijt} 为第 j 行业在 i 区域 t 时段的用水定额。

为使有限水资源满足沈阳市经济社会更快更好发展的需要,根据线性优化理论[40],结合主导行业优先发展原则,以分析产业结构的用水现状为基础,以沈阳市经济发展规划为依据,以实现高效利用水资源为目标,对沈阳市产业结构建立优化模型,为合理预测产业需水提供保障[41]。

(2)约束条件[42]:

$$c_{ijt下} \leqslant c_{ijt} \leqslant c_{ijt上}$$
$$c_{it下} \leqslant c_{it} \leqslant c_{it上}$$
$$c_t \leqslant \sum_{i=1}^{n} \sum_{j=1}^{m_i} c_{ijt}$$

当前沈阳市水资源短缺问题十分突出,已经成为制约国民经济发展的瓶颈,并且随着经济的增长,在未来水平年,水资源对国民经济的约束将进一步加重,所以在水资源约束条件下的产业结构优化问题,是保证国民经济发展目标中必须考虑的约束条件。本章选择可利用的水资源量为约束,实现国民经济总产出的最大化,在水资源的巨大约束下,通过压缩高耗水工业的比重,优化产业布局,调整产业结构,提高各行业的用水效率,实现水资源与国民经济发展间的动态平衡。

(3)主要参数估计。本书共包含 3 个分区、7 个行业 2010 年和 2020 年两个时段的万元增加值用水量参数 W_{ijt},由于缺乏相关的用水量统计资料,仅将行政分区按照中心城区开发区和农村划分为三大类,用水定额数据即是参照上述三类标准确定的。

6.4.2 社会经济发展预测结果

前面已经提到,现在沈阳市正处于全面工业化阶段,工业发展仍将处于经济的主导地位,预计到 2010 年,沈阳市三次产业结构为 4.6:51.8:43.6,随着全面工业化进程的推进,第二产业增长速度逐渐放缓,将保持这一比例基本不变,第一产业比重仍继续下降,第三产业发展迅速,保持持续增长趋势,到 2020 年沈阳市三次产业比重为 4.1:51.2:44.7。沈阳市各行政分区各产业增长速度及产业结构状况见表 6-3。

表 6-3 **国民经济发展及产业结构预测结果**

行政分区	GDP(亿元)			增长率(%)	
	2004 年	2010 年	2020 年	2004～2010 年	2010～2020 年
和平区	311.53	679.43	1 940.27	13.88	19.11
沈河区	269.36	589.04	1 669.50	13.93	18.96
大东区	211.56	447.66	1 303.74	13.31	19.50
皇姑区	70.78	157.54	462.07	14.26	19.64
铁西区	297.38	636.29	1 832.64	13.52	19.28
苏家屯	120.10	256.28	740.14	13.47	19.33
东陵区	131.00	279.65	807.30	13.47	19.33
新城子	84.37	179.69	519.94	13.43	19.37
于洪区	158.21	337.97	974.99	13.49	19.31
辽中县	80.02	165.71	469.96	12.90	18.97
康平县	22.20	45.26	127.27	12.61	18.80
法库县	38.30	76.28	212.86	12.17	18.65
新民市	105.90	223.51	652.62	13.26	19.55
沈阳市	1 900.71	4 074.31	11 713.30	13.55	19.24

预测的结果说明,根据上述模型和参数,利用线形规划软件对模型进行了反复运算,对约束条件和相关参数进行了多次调整,但由于数学模型所描述的产业结构与实际的产业结构和经济发展逻辑的不完全耦合性,以及模型对于影响经济发展的不确定因子考虑不全面,使预测结果不能完整地反映长期的经济发展趋势和结构变化。为了达到预测中的经济发展速度和产业结构间的协调,使模型与预测结果中的数据结构更具合理性,结合经验判断并运用趋势外推法,对模型预测结果进行了必要的修正。

6.5 水资源供需预测与需水调节计算

6.5.1 供水预测

综合不同规划水平年各类供水,可明晰沈阳市的总体供水特征。沈阳市不同规划水平年的供水量见表6-4。

在基准年,沈阳市的总供水量为 26.87 亿 m³。供水结构为:地表水占 19.69%;地下水占 70.75%;非常规水资源占 9.56%。需要指出的是,在非常规水资源中,只是污水的直接利用,尚不是严格意义上的再生水利用。

在 2010 年,沈阳市的总供水量为 30.97 亿 m³,较之基准年增加了 4.10 亿 m³。供水结构也得到了优化,其中地表水占 36.33%,地下水占 53.44%,非常规水资源占 10.24%。需要指出的是,非常规水资源的供水类型更为丰富。

在 2020 年,沈阳市的总供水量为 36.46 亿 m³,较之 2010 年增加了 5.49 亿 m³,供水结构也得到进一步优化。地表水供水量略有增加,在总供水中所占比例为 40.9%;地下水供水量与 2010 年基本持平,所占比重为 45.4%;非常规水源的供水量得到进一步增加,占供水总量的 13.7%。

表 6-4　沈阳市供水量及其构成预测成果 （单位:亿 m³）

项　目				基准年	2010 年	2020 年
常规水源	地表水	境外水	清河、柴河	0.39	0.41	0.41
			大伙房　现状	3.93	4.15	4.15
			大伙房　一期	0	4.09	4.09
			大伙房　二期	0	0	4.01
			石佛寺　一期	0	0.73	0.73
			石佛寺　二期*	0	0	0
			小计	4.32	9.38	13.39
		境内水		0.97	1.87	1.52
		小计		5.29	11.25	14.91
	地下水	统一供水		18.22	16.18	16.18
		自备水源		0.79	0.37	0.37
		小计		19.01	16.55	16.55
	合计			24.30	27.80	31.46
非常规水源	雨水利用			0	0.07	0.16
	再生水利用			2.57	2.93	4.50
	矿井疏干水			0	0.12	0.26
	建筑疏干水			0	0.05	0.08
	合计			2.57	3.17	5.00
总计				26.87	30.97	36.46

注:石佛寺二期工程规划中向沈阳市供应 3.65 亿 m³ 在本次规划中暂不予以考虑。

6.5.2 水资源需求量预测结果[43~49]

6.5.2.1 农业灌溉需水

1)发展规模预测

种植业是沈阳市农业产业的主体,在本次节水型社会建设需水预测中,重点对种植业的发展规模进行预测。根据沈阳市总体发展战略和农业发展规划,结合辽宁省农业发展总体部署,在规划水平年,沈阳市的水田面积保持不变,保灌面积适当增加。在2010年和2020年规划水平年,沈阳市的水田面积仍为210万亩。2010年保灌面积较现状水平年增加2万亩;2020年保灌面积在2010年的基础上继续增加10万亩(见表6-5)。

表6-5 沈阳市不同规划水平年种植业发展规模

(单位:万亩)

年份	水田	保灌面积	合计
基准年	210	8.0	218
2010年	210	10.0	220
2020年	210	20.0	230

2)灌溉定额分析

根据沈阳市作物的需水规律、土壤水特征及区域农业气象特征,对沈阳市水田和水浇地的灌溉定额进行理论预测;参照《辽宁省节水灌溉标准》(简称"辽宁节水")、《松辽流域水资源使用权初始分配专题研究》成果(简称"松辽专题"),对上述定额进行调整,最终确立了沈阳市多年平均水田和水浇地的综合毛灌溉定额。

各规划水平年沈阳市水田的综合毛灌溉定额分别为745 m³/亩、700 m³/亩和648 m³/亩;保灌面积定额分别为160 m³/亩、140 m³/亩和135 m³/亩(见表6-6)。

表 6-6 沈阳市综合毛灌溉定额及相关对比分析 （单位：m³/亩）

项目	类别	基准年	2010 年	2020 年
本次规划	水田	745	700	648
（多年平均）	保灌面积	160	140	135
辽宁节水(75%)	水田	817	736	653
（沈阳市）	水浇地	157	147	135
辽宁节水(75%)	水田	811	733	668
（辽宁省）	水浇地	176	163	155
松辽专题(75%)	水田	787	718	655
（辽河区辽宁省平均）	水浇地	172	145	136

注：辽宁节水和松辽专题的基准年均为 2000 年，本次预测的基准年为 2004 年。

3）需水总量预测

当考虑节水时,基准年、2010 年和 2020 年三个规划水平年水田的总需水量分别为 15.65 亿 m³、14.69 亿 m³ 和 13.60 亿 m³；保灌面积需水量分别为 0.13 亿 m³、0.14 亿 m³ 和 0.27 亿 m³。此外,在农业生产过程中,尚存在渔塘补水和禽畜养殖等其他农业用水。据测算,在三个水平年其他农业需水量分别为 0.97 亿 m³、1 亿 m³ 和 1 亿 m³。在各规划水平年,沈阳市农业需水总量分别为 16.75 亿 m³、15.83 亿 m³ 和 14.87 亿 m³,两个规划期的年均减少率分别为 0.94% 和 0.62%。沈阳市的农业需水量见表 6-7。

表 6-7 沈阳市农业需水总量预测

类别	需水量（亿 m³）			年际变化（%）	
	基准年	2010 年	2020 年	2004～2010 年	2011～2020 年
水田	15.65	14.69	13.60	-1.05	-0.77
保灌面积	0.13	0.14	0.27	1.50	6.79
其他	0.97	1.00	1.00	0.51	0
合计	16.75	15.83	14.87	-0.94	-0.62

6.5.2.2 生活需水预测

1)人口及城市化预测

为满足沈阳市产业结构调整及整体发展战略实施的需求,在规划期内,沈阳市需要引入相关人才,总人口的增幅较大。在第一个规划期内,沈阳市总人口的年均增长率为11.1‰,2010年全市总人口将达到741.3万人;在第二个规划期内,沈阳市总人口的年均增长率为10‰,2020年全市总人口达到818.6万人。在基准年,沈阳市人口城镇化率为64.3%,随着区域城市化进程加快,在2010年和2020年沈阳市的城镇化率分别达66.5%和68.7%。此外,随着中心城区的发展,将吸引部分暂住人口,在2010年和2020年,沈阳市中心城区的暂住人口分别为100万人和150万人。各重点分区的人口构成见表6-8。

表6-8 沈阳市人口及城镇化率预测结果

类别		总人口（万人）	城镇化率（%）	中心城区人口（万人）		开发区人口（万人）	农村人口（万人）	
				常住	暂住		总人口	小城镇
基准年		694.0	64.3	326.0	50.0	19.0	349.0	101.0
2010年		741.3	66.5	345.0	100.0	21.4	374.9	126.3
2020年		818.6	68.7	375.5	150.0	24.8	418.2	161.7
年际变化(‰)	(1)	11.1	—	9.5	122.5	20.0	12.0	38.0
	(2)	10.0	—	8.5	41.4	15.0	11.0	25.0

注:(1)、(2)分别表示第一规划阶段和第二规划阶段;总人口中不包括暂住人口。

2)需水定额分析

在分析沈阳市居民生活用水年际变化的基础上,参照《全国水资源综合规划》、《辽宁省节水规划》以及沈阳市相关规划与研究成果,确立沈阳市居民生活用水定额。沈阳市中心城区在 2010 年和 2020 年两个规划水平年的需水定额分别为 145 L/(人·d)和 155 L/(人·d),两个规划期的年均增长率分别为 1.0% 和 0.7%;开发区在 2010 年和 2020 年两个规划水平年的需水定额分别为 152 L/(人·d)和 155 L/(人·d),两个规划期的年均增长率均为 0.3%。随着社会主义新农村建设及农村生活条件的改善,农村生活的用水定额将显著增加,其中在 2004～2010 年间增加了 9 L/(人·d),在 2010～2020 年间增加了 10 L/(人·d)。各类生活用水定额见表 6-9。

表 6-9　沈阳市居民生活需水定额预测

类　别		用水定额(L/(人·d))			年际变化(%)	
		基准年	2010 年	2020 年	2004～2010 年	2011～2020 年
中心城区	常住	137	145	155	1.0	0.7
	暂住	45	50	55	1.8	1.0
开发区		152	152	155	0.3	0.3
小城镇		87	87	90	0.6	2.0
农村		56	65	75	2.4	0.6

3)需水总量预测

基准年沈阳市居民生活需水量为 2.73 亿 m^3,预计到 2010 年和 2020 年,沈阳市居民生活需水量分别为 3.23 亿 m^3 和 3.97 亿 m^3。两个规划期内生活需水的年均增长率分别为 2.8% 和 2.1%。其他各类生活需水在规划水平年的总量见表 6-10。

6.5.2.3　工业需水

1)发展规模预测

根据沈阳市总体发展战略,在"十一五"期间,沈阳市的工业增加值将以 15.1% 的年增长速度增长,预计到 2010 年全市工业增加值为 1 932.21 亿元,是 2004 年的 2.33 倍;在此规划期内,开发区的工业得到快速发展,中心城区、开发区和农村工业增加值的增长速度分别为 15.1%、24.9% 和 9.1%。在 2010～2020 年间,沈阳市的工业增加值将以年均 8.6% 的增长速度增长,预计到 2020 年全市工业增加值达到 4 393.83 亿元,是 2010 年的 2.27 倍;在此规划期内,全市的工业整体上得到平稳发展,中心城区、开发区和农村工业增加值的增长速度分别为 8.6%、8.2% 和 8.9%(见表 6-11)。

表 6-10　沈阳市居民生活需水预测

类　别		需水总量(亿 m³)			年际增长率(%)	
		基准年	2010 年	2020 年	2004～2010 年	2011～2020 年
中心城区	常住	1.63	1.83	2.12	1.9	1.5
	暂住	0.08	0.18	0.30	14.2	5.1
开发区		0.11	0.12	0.15	2.3	1.8
小城镇		0.32	0.41	0.65	4.4	4.6
农村		0.59	0.69	0.75	2.5	1.0
合计		2.73	3.23	3.97	2.8	2.1

表 6-11　沈阳市工业发展规模预测成果

区域类别	发展规模(亿元)			逐年发展速率(%)	
	基准年	2010 年	2020 年	2004～2010 年	2011～2020 年
中心城区	218.33	508.25	1 155.78	15.1	8.6
开发区	187.57	710.61	1 569.99	24.9	8.2
农村	424.13	713.35	1 668.06	9.1	8.9
全市	830.03	1 932.21	4 393.83	15.1	8.6

2)用水定额分析

总体上看,在基准年,沈阳市全市平均万元工业增加值的需水定额为 88.3 m³。经过"十一五"期间产业结构调整和新技术的使用,沈阳市的工业需水定额将得到显著降低,预计到 2010 水平年,全市万元工业增加值平均取水量为 46.6 m³,是 2004 年的 52.73%,年均下降率为 10.1%。在 2020 水平年,全市万元工业增加值取水量进一步下降到 27.6 m³;2011～2020 年间的年均下降率为 5.1%。不同分区的工业需水情况见表 6-12。

表 6-12　沈阳市万元工业增加值取水量预测

区域类别	定额(m³/万元)			年际变化率(%)	
	基准年	2010 年	2020 年	2004～2010 年	2011～2020 年
中心城区	72.4	38.2	22.6	−10.1	−5.1
开发区	68.8	24.3	17.1	−15.9	−3.5
农村	105.2	74.7	40.9	−5.5	−5.8
全市	88.3	46.6	27.6	−10.1	−5.1

3)需水总量预测

基准年、2010 年和 2020 年三个规划水平年沈阳市的工业需水量分别为 7.33 亿 m³、9.00 亿 m³ 和 12.11 亿 m³;在两个规划期内的年均需水增长率分别为 3.5% 和 3.0%。由于开发区的工业发展是沈阳市经济整体发展的增长点,在规划期内的发展速度较快,导致其工业需水量的增加速率较大,在两个规划期的年际增长率分别为 5.0% 和 4.5%(见表 6-13)。

表 6-13 沈阳市工业需水预测成果

区域类别	需水量(亿 m³)			年际变化(%)	
	基准年	2010 年	2020 年	2004~2010 年	2011~2020 年
中心城区	1.58	1.94	2.61	3.5	3.0
开发区	1.29	1.73	2.68	5.0	4.5
农村	4.46	5.33	6.82	3.0	2.5
全市	7.33	9.00	12.11	3.5	3.0

6.5.2.4 第三产业和建筑业需水

1)发展规模预测

基准年,沈阳市的第三产业增加值为 849.50 亿元,预计到 2010 年和 2020 年,沈阳市第三产业的增加值将分别达到 1 776.4 亿元和 5 107.0 亿元,年均增长率分别为 13.1% 和 11.1%。其他各分区的第三产业发展规模见表 6-14。

表 6-14 沈阳市第三产业发展规模预测

区域类别	发展规模(亿元)			年际变化(%)	
	基准年	2010 年	2020 年	2004~2010 年	2011~2020 年
中心城区	566.8	1 180.0	3 350.5	13.0	11.0
开发区	113.1	261.6	888.0	15.0	13.0
小城镇	169.6	334.8	868.5	12.0	10.0
全市	849.5	1 776.4	5 107.0	13.1	11.1

2)用水定额分析

对沈阳市第三产业用水变化规律分析的基础上,参照《松辽流域微观用水定额指标体系研究》成果,确立沈阳市第三产业在不同规划水平年的用水定额。基准年、2010 年和 2020 年沈阳市第三产业万元增加值需水定额分别为 21.7m³、12.3m³ 和 5.5m³;在两个规划期的年均下降率分别为 9.0% 和 7.7%。

表 6-15   沈阳市第三产业万元增加值取水量预测成果

区域类别	需水定额(m³/万元)			年际变化(%)	
	基准年	2010 年	2020 年	2004~2010 年	2011~2020 年
中心城区	19.9	11.4	5.2	-8.8	-7.7
开发区	18.6	9.9	3.9	-10.0	-8.8
小城镇	29.5	17.3	8.5	-8.5	-6.8
全市	21.7	12.3	5.5	-9.0	-7.7

3)第三产业需水总量预测

基准年、2010 年和 2020 年沈阳市第三产业的需水量分别为 1.84 亿 m³、2.19 亿 m³ 和 2.82 亿 m³;在两个规划期的年均增长率分别为 2.9% 和 2.6%(见表 6-16)。

表 6-16   沈阳市第三产业需水预测成果

区域类别	需水量(亿 m³)			年际变化(%)	
	基准年	2010 年	2020 年	2004~2010 年	2011~2020 年
中心城区	1.13	1.35	1.73	3.0	2.5
开发区	0.21	0.26	0.35	3.5	3.0
小城镇	0.50	0.58	0.74	2.5	2.5
全市	1.84	2.19	2.82	2.9	2.6

4)建筑业需水总量预测

基准年,沈阳市的建筑业需水量为 0.16 亿 m³,预计到 2010 年和 2020 年沈阳市建筑业需水量分别为 0.26 亿 m³ 和 0.34 亿 m³。在两个规划期的年均增长率分别为 8.4% 和 4.6%,各分区建筑业需水量见表 6-17。

表 6-17　沈阳市建筑需水预测成果

区域类别	需水量(亿 m³)			年际变化(%)	
	基准年	2010 年	2020 年	2004～2010 年	2011～2020 年
中心城区	0.05	0.08	0.09	8.4	1.4
开发区	0.03	0.07	0.12	14.7	8.5
农村	0.08	0.11	0.14	5.3	3.7
全市	0.16	0.26	0.34	8.4	4.6

6.5.2.5　生态需水

1)规划范围与规模

考虑到沈阳市的平均年降水量超过 600 mm,天然林草地的恢复不需要另外补充水源,在本次规划中对生态需水的规划范围主要包括城镇绿地及水域建设、水土流失治理和湿地恢复等。根据沈阳市总体发展规模,并参照《沈阳市生态环境总体规划》、《沈阳市水土保持规划》,确立上述建设内容的建设规模(见表 6-18)。其中,湿地生态修复主要指卧龙湖湿地和团结湖湿地的生态修复。

表 6-18　沈阳市生态建设内容及指标

生态建设指标		基准年	2010 年	2020 年
城镇绿地 (万 m³)	中心城区	3 357	5 970	8 483
	开发区	994	2 250	4 250
	小城镇	1 041	2 042	3 409
城镇水域 (万 m³)	中心城区	261	398	599
	开发区	170	330	660
	小城镇	81	136	241
水土流失治理面积(km²)		247	484	1 130
湿地修复面积(km²)		64	113	115

2）需水定额分析

根据沈阳市城市绿化的用水特征，参照水浇地的灌溉定额，确立城镇绿地生态需水定额为 147 m³/亩。城镇河湖补水主要包括渗漏损失、水面蒸发；此外，当水质较差的时候，还需要适当补充鲜水以优化水体环境质量。参照沈阳市降水、水面蒸发及其他自然地理特征，湿地生态恢复需水主要包括局地渗漏损失和生态系统耗水，沈阳市需要进行全面湿地恢复的生态系统主要包括团结湖湿地和卧龙湖湿地，结合两个区域的综合自然地理特征，确定其需水定额为 520 m³/亩。水土流失生态需水主要包括因水土流失所导致的河川径流减少量（或是增加的就地利用量），采用水保进行统计。

3）需水总量预测

基准年沈阳市生态需水量 4.16 亿 m³，2010 年和 2020 年的生态需水量分别为 4.93 亿 m³ 和 6.26 亿 m³。在两个规划期内，沈阳市生态需水的年均增长率分别为 2.9% 和 2.4%。其他类别的生态需水见表 6-19。

表 6-19　沈阳市生态需水预测成果

类　别		需水总量（亿 m³）			年际变化（%）	
		基准年	2010 年	2020 年	2004～2010 年	2011～2020 年
中心城区	城市绿化用水	0.68	0.81	1.04	3.5	3.0
	城市河湖补水	2.18	2.53	3.08	3.0	2.5
	小计	2.86	3.34	4.12	3.1	2.6
开发区	城市绿化用水	0.02	0.03	0.04	4.5	3.5
	城市河湖补水	0.03	0.04	0.05	4.0	3.0
	小计	0.05	0.06	0.09	4.2	3.2

类　别		需水总量（亿 m³）			年际变化（%）	
		基准年	2010 年	2020 年	2004～2010 年	2011～2020 年
农村区	城镇绿化用水	0.15	0.18	0.23	3.0	2.5
	城镇河湖补水	0.08	0.10	0.14	4.0	3.5
	湿地恢复需水	0.87	1.07	1.44	5.5	5.0
	水土保持需水	0.15	0.18	0.24	3.0	3.0
	小计	1.25	1.53	2.05	4.8	4.5
合　计		4.16	4.93	6.26	2.9	2.4

6.5.2.6 需水总量

基准年沈阳市的需水总量为 32.17 亿 m³，预计到 2010 年和 2020 年，沈阳市的需水总量将分别达到 34.03 亿 m³ 和 37.68 亿 m³（见表 6-20）。2004～2010 年和 2011～2020 年两个规划期内的年均需水增长率分别为 0.94% 和 1.02%。

表 6-20　沈阳市需水总量预测成果（按需水类型统计）

类别		需水量（亿 m³）			占总需水量的比例（%）		
		基准年	2010 年	2020 年	基准年	2010 年	2020 年
生产需水	农业	16.75	15.83	14.87	52.07	46.52	39.46
	工业	6.53	7.59	9.42	20.30	22.30	25.00
	第三产业	1.84	2.19	2.82	5.72	6.44	7.48
	建筑	0.16	0.26	0.34	0.50	0.76	0.90
	小计	25.28	25.87	27.45	78.58	76.02	72.85
生活需水		2.73	3.23	3.97	8.49	9.49	10.54
生态需水		4.16	4.93	6.26	12.93	14.49	16.61
合计		32.17	34.03	37.68	100	100	100

从需水构成来看,生产需水的比例呈下降趋势,生活和生态需水的比例均呈现出上升趋势。从需水比重的年际变化来看,到2010年,生产、生活和生态需水占总需水量的比例分别为76.02%、9.49%和14.49%;2020年需水比例分别为72.85%、10.54%和16.61%。

从各地区需水的年际变化来看,2010年中心城区需水占总需水量的比例为29.19%,开发区和农村需水比例分别为5.00%和65.82%;2020年,中心城区、开发区和农村地区需水比例分别为32.00%、5.89%和62.11%(见表6-21)。

表6-21 沈阳市需水总量预测成果(按地域类型统计)

分区	需水量(亿 m^3)			占总需水的比例(%)		
	基准年	2010年	2020年	基准年	2010年	2020年
中心城区	8.54	9.93	12.06	26.53	29.18	32.00
开发区	1.38	1.70	2.22	4.32	5.00	5.89
农村	22.25	22.40	23.40	69.15	65.82	62.11
合计	32.18	34.03	37.68	100	100	100

6.5.3 节水型社会建设中的水需求调节模块

影响水需求的因子很多(见图6-4),其中对水需求影响比较大、与市场经济体制关系比较密切且目前需深入研究的有产业结构变动、水价和节水工程[50]。由于在以往的规划制定中,节水量的计算还比较含糊,对产业结构节水、工程节水、水价提高节水等方面的定量计算还没有分清楚,因此本书将重点讨论产业结构、工程节水、水价提高三个主要方面对调节水需求定量计算的方法。而对于节水型社会建设前期通过各种行政手段加强用水管理,不需要进行资金投入的强制节水阶段在目前已不能适应形势的变

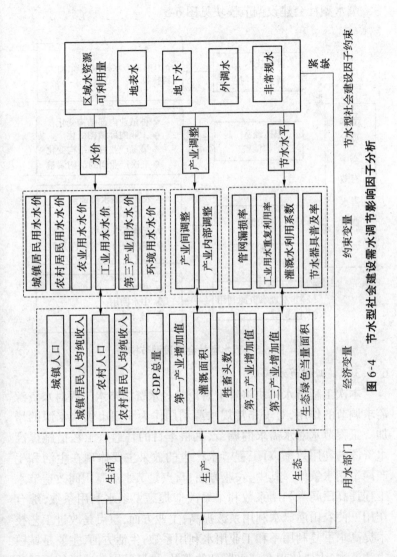

图 6-4　节水型社会建设需水调节影响因子分析

化,没有做分析。

节水型社会建设调节模块见图6-5。

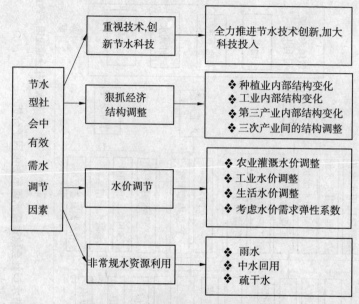

图 6-5   节水型社会建设调节模块

6.5.3.1   工程节水模块

本次工程节水模块将着重讨论常规水资源节水工程对水资源需求调节的作用,对于非常规水源利用作为沈阳市供水水源的增加。工程节水对水需求的调节,其根本目的是通过工程措施提高水资源的利用效率,对工程节水产生的效果主要体现在生活和生产两个用水领域。其中,农业方面,重点是节水灌溉田间改造节水工程提高田间水利用系数和渠系改造提高渠系水利用系数,综合作用下使农田灌溉水利用系数提高;工业方面,重点是改进工艺技术提高水重复利用率和工业用水利用系数;生活方面,主要是城镇生活节水,主要体现在节水器具的普及、城区管网改造降低管网漏失率、通过渠道衬砌等措施提高取水口至自来水厂的水利用系数。节水的另一领域体现在非常规水资源的利用上,包括雨水、中水回用和疏干水等水资源的开发利用,通过集中利用这些资源,不仅能有效提高水资源的利用效率,还能改善水生态环境。

6.5.3.2 产业结构模块

我国产业结构是按三次产业结构的方式进行划分的,产业结构调整包括三大产业之间结构的调整和产业内部结构的调整两大方面。三大产业之间的结构调整,主要表现为三大产业 GDP 比例关系的变化,另外还加入了人口结构变化对生活需水的影响。产业之间结构的优化已经充分体现在社会经济发展预测之中,产业内部的结构调整比较复杂:对于农业,通过调节种植业和林牧渔业的比例,改变种植业内部粮食、经济、饲料作物和水田、水浇地、菜田的比例来达到调节农业水资源需求的目的;对于工业,按照限制耗水高产值低的部门和发展耗水低产值高部门的发展模式来达到工业结构比例调整;对于第三产业,重点发展电信等服务性行业。

1)第一产业

(1)禁止在地下水严重超采区发展农业,鼓励利用中水发展农业。

(2)种植业内部压缩粮食作物种植面积,重点发展经济作物和蔬菜种植业。

(3)扩大渔养业比例,优化林牧渔业内部的结构。

2)第二产业

(1)逐步搬迁高耗水、高污染行业。

(2)大力发展电子、医药、生物等低耗水的高新产业,浑南等低耗水工业园区,减少工业对水环境的污染,提高经济活动的环境效率和资源效率。

(3)大力发展循环经济,推进清洁生产,建立以生态工业为核心的工业化模式,提高水的利用率。

由于某些工业部门具有高污染性,通过构建节水型工业产业调整的模型,在抑制单位产值低、相对耗水量高的工业部门时,为保持当地产业部门体系的完整性、布局的合理性,满足水生态环境保护要求,把工业产值和污水排放量作为约束变量加入结构内部调整的分析中,使得在发展过程中工业产业整体的单位产值耗水量大幅度下降,并能使通过结构调整方式下的节水综合效益最大。

3)第三产业

(1)限制洗车、洗浴业发展。

(2)大力发展电信服务业。

4)人口结构

限制流动人口的增长,表现为生活用水量的减少,对产业内部的结构调整没有影响。

6.5.3.3 水价模块

水价作为经济调节的主要手段,其对水需求的影响主要体现在生活和生产两个大的方面。但对于用水户的不同、用水户承受能力的不同、原有水价的不同,其水价所起的影响作用也不同。通过分析水价和用水定额之间的关系,分析在不同的水价条件下用水定额的变化情况,从而得出需水量的变化情况,并分析水价在生活、工业、农业等不同产业的弹性区间。比如说,农业是弱势产业,农业用水对水价调整的相对值的灵敏度较低;而对于工业来讲,其用水对水价调整的绝对值的灵敏度就比较高。对生活用水来讲,高收入阶层对城市水价的灵敏度要高于低收入阶层。所以,水价对于需求来讲是有弹性的,必须充分考虑经济规律、社会承受力等因素来寻求水价的弹性区间,达到水需求调节的效果[51]。

采取单位取水量(定额)计算水价对其的影响公式[52]:

$$Q_j(p) = Q_j^0 \times Mp_j(p)^{E_j(p)}$$

$$E_j(p) = a_j \ln Mp_j(p) + b_j$$

$$Mp_j = p_j / p_j^0$$

水价变化所产生的节水量可以用下式表示：

$$\Delta W_p = \sum_{j=1}^{n} A_j(Q_j(p) - Q_j^0) = W_p - W_p^0$$

水价调节对于调节水需求的贡献率为：

$$SWR_j(p) = WR(p) = \Delta W_p / W^0$$

式中：j 为用水户序号；$Q_j(p)$ 为 j 用水户在水价提高 $Mp_j(p)$ 倍情况下的需水定额；Q_j^0 为 j 用水户现状用水定额；$E_j(p)$ 为 j 用水户在 p 水价时的需水水价弹性系数；p_j^0 为 j 用水户起始水价；a_j 和 b_j 分别为对应 j 的常数。

6.6 三次供需平衡分析

6.6.1 分析方法

为充分揭示沈阳市在未来规划水平年水资源供需平衡态势及存在问题，以明晰沈阳市在未来规划水平年节水型社会建设的方向，本书采用"三次平衡"分析技术对沈阳市不同规划水平年的供需平衡情势进行剖析。其中，一次平衡分析是在现状用水水平和供水条件下，对未来规划水平年区域水资源的供需特征进行分析，充分展示在外延式发展情势下区域水资源供需矛盾。二次平衡分析是在规划范围内进行充分"挖潜"和"节流"情况下，系统考察区域发展所带来的水资源需求与供给之间的深层次矛盾。在本次规划中，按照"尊重现实"的原则，二次平衡分析的供水中包括现状年境外水的供给。三次平衡分析是当在规划区进行深层次"开源"和"节流"后，水资源供需矛盾仍然十分突出，遵照"三先三后"原则，增加外调水供水[53]。

6.6.2 一次平衡分析

当沈阳市采用外延式发展模式时,未来规划水平的水资源十分紧缺,在 2010 年和 2020 年两个规划水平年内,全市缺水率分别高达 34.27% 和 54.41%;核心区的缺水率则更高。一次平衡充分表明,为满足社会经济的持续健康发展,维系区域的生态与环境安全,沈阳市需要进一步从"开源"和"节流"两个方面调整其现有的水资源开发利用方式(见表 6-22、图 6-6、图 6-7)。

表 6-22　沈阳市水资源一次供需平衡计算成果

规划水平年		基准年	2010 年	2020 年
外延式需水 (亿 m³)	工业	6.53	8.13	10.06
	第三产业	1.84	3.66	4.09
	农业	16.75	16.03	16.51
	建筑业	0.16	0.26	0.34
	生活	2.73	3.23	3.97
	生态需水	4.16	4.77	6.52
	合计	32.17	36.08	41.49
一次平衡供水(亿 m³)		26.87	26.87	26.87
缺水率(%)		16.47	34.27	54.41

6.6.3 二次平衡分析

通过采取有效节水措施后,沈阳市的总体水资源需求量显著降低;通过区域内部挖潜后,其供水量也有所提升。在上述两类水资源管理开发利用方式下,当不再考虑地下水的超采时,沈阳市在 2010 年和 2020 年的缺水率分别为 16.63% 和 20.78%;若考虑到

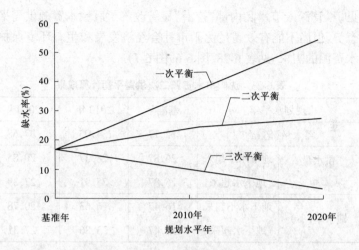

图 6-6 沈阳市水资源三次供需平衡分析缺水率演变成果

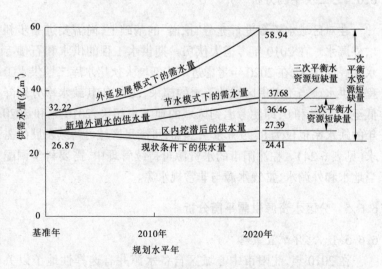

图 6-7 基于三次平衡分析的沈阳市水资源供需演变模式

区域地下水的超采,其缺水率分别为 23.86% 和 27.31%。由此可见,尽管深入节水和内部"挖潜"显著改善了区域水资源供需平衡态势,但尚不能有效满足沈阳市社会经济发展和生态环境保护对水资源的需求(见表6-23、图6-6、图6-7)。

表6-23　沈阳市水资源二次供需平衡计算成果

规划水平年		基准年	2010 年	2020 年
需水量(亿 m³)		32.17	34.03	37.68
供水量 (亿 m³)	地下水不超采	26.87	28.37	29.85
	地下水超采	26.87	25.91	27.39
缺水率(%)	地下水不超采	16.47	16.63	20.78
	地下水超采	16.47	23.86	27.31

6.6.4　三次平衡分析

在对区域水资源进行充分"挖潜"的基础上,尚需要进一步新增外调水。在2010年考虑大伙房一期供水工程的供水和石佛寺水库一期供水;在2020年考虑进一步新增大伙房水库二期供水工程的供水。当不考虑区域地下水的超采,2010年其缺水率分别降低至1.76%和0;即使考虑到区域的地下水超采,2010年和2020年的缺水率也仅为8.99%和3.24%,可满足区域可持续发展的需求(见表6-24)。在沈阳市的水资源可持续管理中,需要科学调配当地水和外调水、常规水源与非常规水源。

6.6.5　分区水资源供需平衡分析

6.6.5.1　总体配置策略

在2010年,沈阳市中心城区自备水源井有选择性地予以关闭;同时,开发区的地下水开采量控制在其可开采量的80%以内;农村地区地下水的开采量予以削减。地下水资源的压采量达到

2.46 亿 m³。

表 6-24　沈阳市水资源三次供需平衡分析成果

规划水平年		基准年	2010 年	2020 年
需水量(亿 m³)		32.17	34.03	37.68
供水量 (亿 m³)	地下水不超采	26.87	33.43	38.92
	地下水超采	26.87	30.97	36.46
缺水率(%)	地下水不超采	16.47	1.76	0
	地下水超采	16.47	8.99	3.24

全市范围内要广泛利用非常规水资源,中心城区和开发区要充分开发雨水资源、建筑疏干水和再生水的利用;农村地区除要深入使用本地非常规水资源外,还应使用中心城区和开发区的再生水。到 2010 年,全市范围内的非常规水资源利用量达到 3.17 亿 m³。

考虑到中心城区和开发区是区域社会经济的引擎,也是生态与环境最为脆弱的地区;在配置中要最大限度地保障中心城区和开发区在充分节水后的水需求。为促进新农村建设,在水资源的配置中,要充分考虑农村地区的人畜饮水安全和生态环境的整体改善。

在 2020 年,沈阳市需要进一步开发和充分利用区域的非常规水资源;优质外调水源应该优先保障中心城区和开发区的使用,最大限度保障中心城区和开发区在充分节水后的水需求,做好区际间的水源置换。

6.6.5.2　供需平衡分析

2010 水平年,沈阳市中心城区、开发区和农村地区的缺水率分别为 0、0 和 13.66%;2020 水平年,缺水率分别为 0、0 和 5.21%。上述供需平衡态势可有效保障区域的社会经济发展和生态环境的改善。从现有水源的配比来看,中心城区、开发区的水源供给较为丰富。为此在水资源的管理中,要充分做好中心城区、开发区与农村地区水源的统一调配(见表6-25)。

表 6-25　未来规划水平年沈阳市分区水资源供需平衡态势

分区		中心城区	开发区	农村	全市
2010水平年	供水量(亿 m^3)	9.93	1.70	19.34	30.97
	需水量(亿 m^3)	9.93	1.70	22.40	34.03
	缺水率(%)	0	0	13.66	8.99
2020水平年	供水量(亿 m^3)	12.06	2.22	22.18	36.46
	需水量(亿 m^3)	12.06	2.22	23.40	37.68
	缺水率(%)	0	0	5.21	3.24

第7章 沈阳市节水型社会建设指标体系及评价

7.1 节水型社会评价指标体系的构建思路与原则

7.1.1 节水型社会评价指标体系的构建思路

7.1.1.1 全面反映节水型社会建设的内容

节水型社会的本质特征是建立以水权、水市场理论为基础的水资源管理体制,形成以经济手段为主的节水机制,不断提高水资源的利用效率和效益,实现人与自然的和谐相处,促进经济、资源、环境协调、持续发展。

节水型社会评价内容包括合理用水、节约用水、水资源可持续利用、水资源管理和用水管理、经济社会及和谐社会建设等内容,其中合理用水和节约用水包括工业节水、农业节水、生活节水及水生态环境建设等。

7.1.1.2 符合节水型社会建设的要求

随着人口的增长与经济社会的发展,水资源条件也在不断变化。在同一时期,不同分区的社会经济发展水平和水资源条件也有差异。节水型社会控制与评价指标体系必须与社会经济发展水平和水资源条件相适应,要能够促进不同发展时期节水型社会建设。指标体系在宏观上要能反映水资源利用的可持续性,在微观上也要做到反映不同时期的节水水平。通过建立一套分阶段、定量化的评价指标,不断促进节水型社会的建设。

7.1.1.3 重点是促进用水效率和效益的提高

节水型社会是水资源集约高效利用、经济社会快速发展、人与自然和谐相处的社会。宏观上区域发展与水资源承载能力相适应,保证可持续发展;中观上水资源配置高效,构建节水型经济,要根据水资源的条件调整产业结构,优化配置水资源;微观上要保证水资源利用的高效率,建立节水型农业、节水型工业与节水型社会。

7.1.2 节水型社会评价指标的选择原则

7.1.2.1 全面系统原则

节水型社会指标体系以提高水资源利用效率为核心,以保证经济社会可持续发展为目标,以加强水资源管理、节约用水为主要内容,与建设和谐社会进程密切相关,综合考虑农业、工业城镇及农村生活用水的需求;考虑开源与节流、需水与供水的关系;考虑农业节水与工业节水、城镇生活节水之间,节水措施的投入与产出之间,节水与经济、社会、环境之间的关系[54]。

7.1.2.2 实际可操作性原则

指标体系不仅要科学客观,更要简便实用。选择指标应简单明了,并充分考虑典型区用水资料的实际情况,做到统计方便,易于计算分析,通常以人均、百分比等表示。

7.1.2.3 可比性原则

选择指标要便于进行横向及纵向的分析比较,不仅可以进行不同发展阶段的比较,还要便于与国内不同发展水平区域的对比。指标选择既要参照先进国内水平上的通用指标,又要考虑所选区水资源利用与经济发展的实际情况,制定通用而又能反映地区特点的指标体系。

7.1.2.4 定量与定性相结合原则

指标体系应尽量选择定量化指标,难以量化的重要指标可以采用定性描述指标。

7.1.3 节水型社会评价指标体系的特点

7.1.3.1 综合性

节水型社会包括节水型工业、节水型农业、节水型区域的建设,以及经济社会的可持续发展与和谐社会的建设,因此节水型评价指标体系也是一个复杂的大系统。对于不同评价内容都有其相应的评价指标,指标体系是由不同类别的指标组成的系统。

7.1.3.2 系统性与层次性相结合

节水型社会评价指标体系是一个指标众多的复合系统,不同评价内容的指标又组成子系统,各子系统之间相互影响、相互制约[55]。因此,建立的指标体系要层次分明,既要反映节水型社会的总体特征,又要反映各子系统的分类特性,还要体现子系统间、子系统与总系统之间的相互关系。一套完整的指标体系由目标层、系统层和指标层组成。

(1)目标层:节水型社会评价的目标层在于综合评价区域节水水平、经济社会发展水平和可持续发展能力,是指标体系的综合反映。

(2)系统层:由综合评价和各主要评价内容的评价指标子系统组成。

(3)指标层:由具体评价指标组成。

7.1.3.3 阶段性

为了促进节水型社会的建设,要制定建设目标。根据不同发展阶段的特点,制定不同的节水型社会建设目标,即节水型社会建设的近期目标与远期目标,并逐渐实施。与节水型分阶段建设目标相对应,就要确定不同发展阶段各评价指标的不同标准。随着节水型社会的建设与发展，还会有新的目标与要求。因此，节水型社会评价指标体系也要通过不断的修订、调整来完善。

7.2 节水型社会评价指标体系的构成

7.2.1 节水型社会评价指标体系的构建意义

　　鉴于社会经济的不断发展、科学技术的不断进步，在有限水资源的约束下，节水型社会建设的内容也在发展变化中。又考虑到我国区域或流域间经济发展的不平衡现状，根据节水型社会建设的需要，遵循科学实用的原则，借鉴国际先进水平的节水标准，构建特定经济发展程度和水资源条件下的节水型社会建设指标体系，研究科学的评价模型，适时对节水型社会建设地区进行评价；为推广节水型社会建设量化理论的研究奠定了基础；有利于全面地概括区域与水资源社会经济协调发展的程度和不足之处；有利于解决水资源在开发利用管理上存在的问题；对于规范节水系统、提高用水效率、促进节水都具有重要的现实意义。而选择恰当的评价标准是成功检验节水型建设的各项内容是否合理、是否能指导合理利用现有水资源实现经济社会可持续发展的关键。

7.2.2 节水型社会评价指标体系的分类

　　从国内外对节水型社会评价指标体系研究的现状看，已有的评价指标体系不够全面统一，统计数据间往往口径不同，使其可用性差。由于节水型社会主要评价对象是需水和节水水平，因此本书将从需水和节水两种依据对节水型社会建设评价指标进行分类（见表7-1）。依据用水分类，分为用水强度、用水结构、用水效率等指标；依据节水标准分为生活节水指标、农业节水指标、工业节水指标、节水管理等指标。在综合分类节水评价指标基础上，分析

选择几个代表性综合分类指标,反映节水型社会建设的各类用水
节水水平(见表 7-2)。

表 7-1 节水型社会建设通用评价指标集

准则层	表征项	表征指标	计算方法	单位
现代	信息采集自动化率	地下水信息采集自动化率	$\dfrac{自动化监测站网数}{全部站网数}\times100\%$	%
	基础信息数字化率	水资源管理 GIS 平台建设率	$\left(\dfrac{1}{2}n+\dfrac{已建立 GIS 区县数}{2\times总区县}\right)\times100\%$	%
	管理信息数字化率	节水型社会数据库建设率	$\left(\dfrac{1}{2}\times n+\dfrac{已建设信息平台区县数}{2\times总区县数}\right)\times100\%$	%
	信息共享平台建设	沈阳市节水网站	有/无	—
高效	综合用水指标	万元 GDP 用水量	$\dfrac{总用水量}{GDP}$	m³/万元
	农业用水指标	灌溉水综合利用系数	渠系水利用系数×田间水利用系数	—
		万元农业增加值用水量	$\dfrac{年农业用水量}{年农业增加值}$	m³/万元
	工业用水评价指标	工业用水重复利用率	$\left(1-\dfrac{工业补充新鲜水量}{工业用水总量}\right)\times100\%$	%
		万元工业增加值用水量	$\dfrac{年工业用水量}{年工业增加值}$	m³/万元
	三产用水评价指标	万元三产增加值用水量	$\dfrac{年第三产业用水量}{年第三产业增加值}$	m³/万元
	生活用水指标	节水器具普及率	$\dfrac{节水器具数量}{生活用水器具数量}\times100\%$	%
	公共供水效率指标	管网漏失率	$\dfrac{供水管网漏失水量}{总供水量}\times100\%$	%
安全	饮水安全指标	饮水达标人口比例	$\dfrac{饮水达标人口}{总人口}\times100\%$	%
	水环境安全指标	水源地水质达标率	$\dfrac{达标水功能区数}{水功能区总数}\times100\%$	%
	地下水安全指标	地下水水位变幅均值	试点末地下水水位－现状地下水水位	m

准则层	表征项	表征指标	计算方法	单位
可持续	体制改革指标	水务体制改革覆盖率	$\left(\dfrac{1}{2}n+\dfrac{\text{水务体制改革区县数}}{2\times\text{区县总数}}\right)\times100\%$	%
	用水管理指标	计划用水率	$\dfrac{\text{计划用水量}}{\text{用水总量}}\times100\%$	%
	经济调控评价指标	水资源费征收率	$\dfrac{\text{实际收费水量}}{\text{应收费水量}}\times100\%$	%
	水市场管理指标	交易平台和管理制度	有/无	—
	公众参与程度	农民用水协会个数	成立农民用水协会累计个数	—

注：n 是指沈阳市一级建设情况，如果建设则 $n=1$，否则为 0，下同。

表7-2 节水型社会建设合理性评价指标(用水标准)

分类	描述指标	单位	表述
用水强度	万元 GDP 取用水量	m^3/万元	区域综合用水水平
	工业万元增加值用水量	m^3/万元	区域工业用水水平
	综合灌溉定额	m^3/亩	区域农业灌溉用水水平
	城镇生活用水定额	L/(人·d)	区域城镇人均用水水平
	农村生活用水定额		区域农村人均用水水平
用水结构	生活需水占总需水量的比例	%	生活需水比例
	农业需水占总需水量的比例	%	农业需水比例
	工业需水占总需水量的比例	%	工业需水比例
	第三产业需水占总需水量的比例	%	第三产业需水比例
	生态需水占总需水量的比例	%	生态需水比例

分类	描述指标	单位	表述
水利用效率和效益	单方水 GDP 产出	元	用水综合效益
	单方水农业 GDP 产出	元	农业用水效益
	单方水工业 GDP 产出	元	工业用水效益
	单方水第三产业 GDP 产出	元	第三产业用水效益
	灌溉水综合利用系数	%	农业用水效率
	工业用水重复利用率	%	工业用水效率
	管网漏失率	%	生活用水效率
	节水器具普及率	%	生活节水器具普及程度
生态环境	计划用水率	%	水管理程度
	城市污水处理率	%	污水处理程度
	城市污水处理回用率	%	污水回用程度
承受能力	城镇居民人均水费支出系数		城镇居民生活水价承受能力
	农村居民人均水费支出系数		农村居民生活水价承受能力
	亩均水费支出系数		农民对灌溉水价承受能力
	工业万元产值水费系数		企业对工业水价承受能力
需水弹性	农业需水价格弹性系数		农业需水相对于农业水价增长的弹性
	工业需水价格弹性系数		工业需水相对于工业水价增长的弹性
	第三产业需水价格弹性系数		三产需水相对于三产水价增长的弹性
	生活需水价格弹性系数		生活需水相对于生活水价增长的弹性

7.2.3　沈阳市节水型社会评价指标体系

沈阳市节水型社会建设评价包括两大方面,一是试点建设的本地服务功能评估,包括对于区域总体社会经济发展、生态环境保护和各行业节水的促进,二是试点建设的示范效应评估,包括体制改革、制度建设、经济和市场手段运用以及公众参与等。

试点评价将采取定性和定量相结合的方式,针对试点建设目标实现情况,参照水利部颁发的《节水型社会建设评价指标体系》(试行)选取相关评价指标,考虑到沈阳市为经济发达缺水地区的具体情况,对通用指标进行了适当的调整,相关定量指标见表7-3。

表 7-3　节水型社会建设合理性评价指标(节水标准)

目标层	系统层	指标层
节水型社会 总体评价 指标	总体指标	万元 GDP 用水量 人均 GDP 增长率 万元 GDP 用水量递减率 计划用水率 自备水源供水计量率 农业用水比例 节水单方投资
	生活节水指标	居民生活用水户表率 节水器具普及率 自来水厂供水损失率 城镇生活节水率 中水利用率
	农业节水指标	灌溉水利用系数 农业万元增加值取水量 节水灌溉工程面积率

目标层	系统层	指标层
节水型社会 总体评价 指标	工业节水指标	工业万元增加值取水量 工业用水重复利用率 工业节水率 工业废水处理回用率
	水生态指标	水功能区水质达标率 工业废水达标排放率 地下水水质达标率 城市生活污水集中处理率 生态用水保证率 地下水超采度 水土流失治理率
	节水型社会建设 管理评价指标	节水型社会建设机构健全 水资源管理、节水法规完善 水资源规划、节水规划制定 宣传计划落实 用水、节水统计制度健全 节水科研队伍和经费落实

7.3 节水型社会评价

7.3.1 节水型社会综合评价方法

　　节水型社会评价是节水潜力评价的进一步发展,针对性较强,评价结果的实用性较大,开展节水型社会理论和综合评价方法研究,关系到节水型社会发展目标和规划。尽管建立节水型社会的内涵及重要性已被水资源界所认同,但用哪些指标来衡量节水型社会建设的程度,国内外还没有统一的评价标准。节水型社会评价就是对特定地区用水效率和社会生产、生活所需水资源的利用程度及可满足程度定量化,在量化研究过程中,由于具体区域的实情千差万别,而且社会、经济不断发展,科学技术不断进步,在水资源有限的条件下,如果没有一套明确、清晰的评价指标体系作为衡量标准,则很难将节水型社会从理念的层次上发展成为一种可操作的管理模式,用于指导实际工作以及正确评估建设节水型社会的推广价值。

综合评价是对多属性体系结构描述的对象系统作全局性、整体性的评价,即对评价对象系统的全体,根据所给的条件,采用一定的方法给每个评价对象赋予一个评价值,再据此进行排序[56]。目前常见的综合评价方法有专家评价法、数据包络分析方法、主成分分析法、因子分析、聚类分析、判别分析、灰色关联分析法、AHP法(层次分析法)、Delphi法、TOPSIS法、模糊评价法和神经网络法等,各种方法都有各自的特点和适用范围[57]。

本次研究对沈阳市节水型社会评价采用层次分析评价方法。层次分析评价方法是先建立层次分析结构模型,根据标量原理和两两比较方法构建判断矩阵,利用特征根方法即可确定各方案和措施的重要性排序权值。

7.3.2 评价模型建立的步骤

利用 AHP 法分析问题的步骤可以分为 5 个步骤。

7.3.2.1 建立层次结构模型

运用 AHP 法进行系统分析,首先要将包含的因素分组,并按照因素之间的相互影响和隶属关系将其分层聚类组合,每一组作为一个层次,按照最高层、若干相关的中间层和最低层的形式排列起来,并标明层次之间和层因素之间的联系,形成一个递阶的、有序的层次结构模型[58]。本次建立节水型社会指标体系评价模型结构与其层次结构相吻合。

7.3.2.2 构造判断矩阵

任何系统分析都是以一定的信息为基础。AHP 法的信息基础主要是对每一层次各因素的相对重要性给出的判断,这些判断用数值表示出来,就形成判断矩阵,构造判断矩阵是 AHP 法的关键[59]。

判断矩阵表示针对上一层因素而言,本层次与之有关的因素之间的相对重要性。假定 A 层因素 A_k 与下一层因素 $B_1, B_2, \cdots,$ B_n 有联系,则判断矩阵可表示如下:

A_k	B_1	B_2	$\cdots$	B_n
B_1	b_{11}	b_{12}	$\cdots$	b_{1n}
B_2	b_{21}	b_{22}	$\cdots$	b_{2n}
$\vdots$	$\vdots$	$\vdots$		$\vdots$
B_n	b_{n1}	b_{n2}	$\cdots$	b_{nn}

其中,b_{ij} 表示 B_i 对 B_j 的相对重要性的数值,b_{ij} 通常为 $1,2,3,\cdots,$ 9 及它们的倒数,其含义为

$b_{ij}=1$,表示 B_i 与 B_j 一样重要;

$b_{ij}=3$,表示 B_i 比 B_j 重要一点(稍微重要);

$b_{ij}=5$,表示 B_i 比 B_j 重要(明显重要);

$b_{ij}=7$,表示 B_i 比 B_j 重要得多(强烈重要);

$b_{ij}=9$,表示 B_i 比 B_j 极端重要(绝对重要)。

它们之间的数 2、4、6、8 及各数的倒数具有相类似的意义。

7.3.2.3 层次单排序

所谓层次单排序是指,根据判断矩阵计算对于上一层某因素

而言,本层次与之有联系的因素的重要性次序的权值。层次单排序可以归结为计算判断矩阵的特征根和特征向量问题,即对判断矩阵 B,计算满足:

$$BW = \lambda_{max} W \tag{7-1}$$

式中:λ_{max} 为 B 的最大特征根;W 为对应于 λ_{max} 的正规化特征向量;W 的分量 W_i 即为相应因素单排序的权值。

7.3.2.4 层次总排序

利用同一层中所有层次单排序的结果,就可以计算针对上一层次而言,本层次所有因素重要性权值,这就是层次总排序。它需要从上到下逐层顺序进行。

7.3.2.5 一致性检验

为评价层次总排序的计算结果的一致性,需要对排序进行一致性指标检验。

AHP法将人们的思维过程和主观判断数学化,不仅简化了系统分析与计算工作,而且有助于决策者保持其思维过程和决策原则的一致性,所以对于难以全部量化处理的问题,能得到较为满意的决策结果[60]。

7.4 沈阳市节水型社会评价

把建立起的节水型社会评价指标体系和判别方法应用到沈阳市现状下的节水型社会建设指标评价中,从而可以判别沈阳目前状况下的节水型社会总体评价结果。

7.4.1 指标权重的确定

指标权重的确定就是对各指标的重要性进行评价,指标越重要,其权重越大。权重一般要进行归一化处理,使之介于 0~1 之间,各指标权重之和为 1。本次研究采用以上介绍的层次分析法进行权重确定。

7.4.2 指标标准化

指标是节水型社会总体评价水平的参数,但原始指标有可能存在着量纲不同和原始数据大小相差悬殊等问题,因此在评价前必须对指标进行标准化处理。首先,确定各指标的最大值 $F_{最大值}$ 和最优值 $F_{最优值}$,然后对越大越优的指标用式(7-2)变换,对越小越优的指标用式(7-3)变换:

$$P = 100 - (F_{最优值} - P_{评价值})/F_{最优值} \times 100 \qquad (7-2)$$

$$P = 100 - (P_{评价值} - F_{最优值})/(F_{最大值} - F_{最优值}) \times 100 \qquad (7-3)$$

式中:P 为标准化后指标值;$P_{评价值}$ 为实际评价指标值;$F_{最大值}$ 为评价中的最大值;$F_{最优值}$ 为评价中的最优值[61]。

具体指标标准化的转化见表 7-4,表中 F_M、F_U 分别代表公式中的评价最大值和评价最优值。

表 7-4 沈阳市节水型社会评价指标标准值转化

分类	指标	指标值	F_M	F_U	标准值
总体指标	万元 GDP 用水量	74	350	74	100
	人均 GDP 增长率	13.2	13.2	13.2	100
	万元 GDP 用水量递减率	13.1	14.3	14.3	92
	计划用水率	100	100	100	100
	自备水源供水计量率	95	100	100	95
	农业用水比例	52.0	69.0	44.6	60
	节水单方投资	5	5	5	100
生活节水指标	居民生活用水户表率	100	100	100	100
	节水器具普及率	70	70	70	100
	自来水厂供水损失率	11.9	28.0	5.9	73
	城镇生活节水率	10	10	10	100
	中水利用率	5	5	5	100

分类	指标	指标值	F_M	F_U	标准值
农业节水指标	灌溉水利用系数	0.46	0.80	0.80	58
	农业万元增加值取水量	1 191	1 500	901	87
	节水灌溉工程面积率	52.7	79.1	79.1	67
工业节水指标	工业万元增加值取水量	35	250	35	100
	工业用水重复利用率	80	90	90	89
	工业节水率	30	30	30	100
	工业废水处理回用率	11	12	12	92
水生态指标	河流水质达标率	15.1	80.5	80.5	19
	工业废水达标排放率	85	100	100	100
	地下水水质达标率	60	100	100	60
	城市生活污水集中处理率	50	85	85	59
	生态用水保证率	15	100	100	15
	地下水超采度	0	100	100	0
	水土流失治理率	75	85	85	90
节水型社会建设管理评价指标	节水型社会建设机构健全	95	100	100	95
	水资源管理、节水法规完善	95	100	100	95
	水资源规划、节水规划制定	90	100	100	90
	宣传计划落实	90	100	100	90
	用水、节水统计制度健全	85	100	100	85
	节水科研队伍和经费落实	85	100	100	85

7.4.3 总体评价的计算

根据以上建立的评价指标体系和评价方法,利用 AHP 法确定各个评价指标的权重。由各因素的重要性比较构造判断矩阵进行计算,所得判断矩阵采用和积法计算,其相应计算结果如下:

(1)判断矩阵 $A - B$(相对于总体目标而言)

A	B_1	B_2	B_3	B_4	B_5	B_6	W
B_1 综合	1	3	3	4	3	3	0.435
B_2 农业	1/3	1	1	2	1	1	0.126
B_3 工业	1/3	1	1	2	1	1	0.126
B_4 城市生活	1/4	1/2	1/2	1	1/2	1/2	0.06
B_5 生态	1/3	1	1	2	1	1	0.126
B_6 节水管理	1/3	1	1	2	1	1	0.126

W 为正规化权重向量。

$$\lambda_{max} = 6.074, CI = 0.015, RI = 1.24, CR = 0.012 < 0.1$$

式中:λ_{max} 为判断矩阵的最大特征根;CI 为层次排序一致性指标,$CI = (\lambda_{max} - n)/(n - 1)$;$RI$ 为层次排序平均随机一致性指标;CR 为层次排序随机一致性比例。当 $CR = CI/RI = 0.012 < 0.1$ 时,表明判断矩阵具有满意的一致性。

(2)判断矩阵 $B_1 - C$

B_1	C_1	C_2	C_3	C_4	C_5	C_6	C_7	W
C_1	1	1	1	1	2	2	4	0.201
C_2	1	1	1	1	2	2	4	0.201
C_3	1	1	1	1	2	2	4	0.201
C_4	1	1	1	1	2	2	4	0.201
C_5	1/2	1/2	1/2	1/2	1	1	3	0.074
C_6	1/2	1/2	1/2	1/2	1	1	3	0.097
C_7	1/4	1/4	1/4	1/4	1/3	1/3	1	0.026

$$\lambda_{max} = 7.063, CI = 0.011, RI = 1.32, CR = 0.008 < 0.1$$

判断矩阵具有满意的一致性。

(3)判断矩阵 $B_2 - C$

B_2	C_8	C_9	C_{10}	C_{11}	C_{12}	W
C_8	1	2	2	2	3	0.391
C_9	1/2	1	1	1	2	0.177
C_{10}	1/2	1	1	1	2	0.177
C_{11}	1/2	1	1	1	2	0.177
C_{12}	1/3	1/2	1/2	1/2	1	0.08

$\lambda_{max} = 5.058, CI = 0.015, RI = 1.12, CR = 0.013 < 0.1$

判断矩阵具有满意的一致性。

(4)判断矩阵 $B_3 - C$

B_3	C_{13}	C_{14}	C_{15}	W
C_{13}	1	2	2	0.586
C_{14}	1/2	1	1	0.207
C_{15}	1/2	1	1	0.207

$\lambda_{max} = 3.081, CI = 0.041, RI = 0.58, CR = 0.07 < 0.1$

(5)判断矩阵 $B_4 - C$

B_4	C_{16}	C_{17}	C_{18}	C_{19}	W
C_{16}	1	1	2	3	0.378
C_{17}	1	1	2	3	0.378
C_{18}	1/2	1/2	1	2	0.165
C_{19}	1/3	1/3	1/2	1	0.079

$\lambda_{max} = 4.119, CI = 0.040, RI = 0.900, CR = 0.044 < 0.1$

判断矩阵具有满意的一致性。

(6)判断矩阵 $B_5 - C$

B_5	C_{20}	C_{21}	C_{22}	C_{23}	C_{24}	C_{25}	C_{26}	W
C_{20}	1	1	1	2	3	3	3	0.232
C_{21}	1	1	1	2	3	3	3	0.232
C_{22}	1	1	1	2	3	3	3	0.232
C_{23}	1/2	1/2	1/2	1	2	2	2	0.119
C_{24}	1/3	1/3	1/3	1/2	1	1	1	0.061
C_{25}	1/3	1/3	1/3	1/2	1	1	1	0.061
C_{26}	1/3	1/3	1/3	1/2	1	1	1	0.061

$\lambda_{max} = 7.071, CI = 0.019, RI = 1.32, CR = 0.009 < 0.1$

判断矩阵具有满意的一致性。

(7)判断矩阵 $B_6 - C$

B_6	C_{20}	C_{21}	C_{22}	C_{23}	C_{24}	C_{25}	W
C_{26}	1	2	3	2	3	4	0.369
C_{27}	1/2	1	2	1	2	3	0.195
C_{28}	1/3	1/2	1	1/2	1	2	0.095
C_{29}	1/2	1	2	1	2	3	0.195
C_{30}	1/3	1/2	1	1/2	1	2	0.095
C_{31}	1/4	1/3	1/2	1/3	1/2	1	0.05

$\lambda_{max} = 6.112, CI = 0.022, RI = 1.24, CR = 0.018 < 0.1$

判断矩阵具有满意的一致性。

7.4.4　综合评价模型的评价结果

沈阳市节水型社会总体评价为 85.5 分,从表 7-4 中分析可得在生活和工业节水方面沈阳市取得了较好的效果,但由于水资源的过度开发,影响了水资源的可持续利用,加之地表水、地下水资源污染严重,对沈阳市的生态环境用水造成了严重影响,生态环境评价仅为 54.9 分,表明沈阳市的生态用水问题已经成为迫切需要在节水型社会建设中完善的环节。这一评价结果与沈阳市的客观实际相符。

第8章 沈阳市节水型社会建设的
四大支撑体系

沈阳市节水型社会建设应在科学发展观的统领下,以全市整体发展对节水型社会建设的内在需求为导向,以建设现代水务管理体系、完善工程技术体系、升级产业结构、构建"人水和谐"文化为出发点,整体部署节水型社会建设内容及任务,建设四大支撑体系:①现代、高效的水资源与水环境管理体系;②与水资源优化配置相适应的节水防污工程与技术体系;③与水资源和水环境承载力相协调的经济结构体系;④与水资源价值相匹配的社会意识和文化体系。建设基本框架图如图8-1所示。

8.1 现代、高效的水资源与水环境管理体系

8.1.1 实施总量控制与定额管理相结合的制度

8.1.1.1 实施取水与排污相结合的"双总量"控制制度

(1)确定取用水总量控制指标。兼顾需要和可能,结合流域水量和水权分配结果,综合考虑试点地区不同阶段区域水资源条件和生态环境保护需要,确定不同时期基本生态用水和地下水保护需求,科学制定地表水和地下水取用总量控制指标,作为社会经济用水的约束条件。

(2)确定排污总量控制指标。根据试点地区水域功能区划分和不同时期水环境治理与保护目标,结合不同水体水量纳污能力,制定区域排污总量控制指标,作为区域废污水排放约束条件。

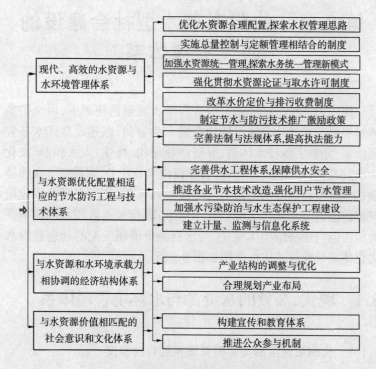

图 8-1 沈阳市节水型社会建设基本框架

（3）制定总量控制实施方案。搭建以流域二元水循环综合模拟为"发动机"的数字流域，对水量、水质和生态过程进行综合模拟，确定取用水和排污总量控制的具体实施方案，作为水资源和水环境管理的工具。

8.1.1.2　计划用水与定额管理紧密结合

一是计划用水要以用水定额为主要衡量指标。对在水行政主管部门管理范围内的计划管理，可以直接实施用水定额管理；对在水行政主管部门外的计划用水管理，要求供水单位在申报年度用水计划时,按照用水定额管理的规定计算、申报用水计划,水行政主管部门进行核实,实施间接的用水定额管理。二是把用水定额作为节水型产品认证与市场准入的主要衡量指标。三是把是否达到用水定额标准作为实施节水"三同时"管理的依据。四是把用水定额作为企业内部节水管理和指标分解的依据。五是把用水定额作为评价节水水平的主要依据。

8.1.2 强化贯彻水资源论证与取水许可制度

水资源论证制度的贯彻落实是实现区域水资源持续利用的关键环节。在节水型社会建设过程中,需要进一步强化贯彻水资源论证与取水许可制度。完善取水许可制度主要包括以下几个方面的内容:一是将取水许可与水资源可利用量相挂钩,按照水资源评价所确定的水资源可利用总量发放取水许可证,实行总量控制下的取水许可制度[62];二是将地表水、地下水、外调水等一次性淡水资源全部纳入取水许可范畴,实施全口径的取水许可制度;三是要特别加强一些特殊地区的取水许可的监管,如地下水超采区、公共供水管网覆盖范围的自备水源的管理;四是要进一步完善与取水许可相配套的水资源论证制度,包括严格论证主体资格、规范论证程序、实行论证结果责任制和论证结果公示与质询制度等;五是争取配合取水许可条例颁布,对已颁发的需水许可进行重新核定和评估。

8.1.3 改革水价定价与排污收费制度

8.1.3.1 完善水资源价值体系构成

规划期的主要任务是进一步理顺水价体系的结构和水平,建立完善的水价体系和排污收费制度。主要包括:

(1)合理调整水资源费征收标准。充分发挥水资源费的市场调节作用,加大不同水源、不同行业、不同地区标准的差异程度。

提高地下水的收费标准,特别是体现地下水超采区和非超采区标准的差异。规范水资源费征收和使用管理,把水资源费真正用于开发、利用、保护等水资源管理项目上。

(2)完善排污收费制度。在排污许可范围内实行有偿排污,科学制定和调整区域排污收费标准,超标排污处罚不属于有偿排污范畴,避免"以罚代管"现象发生。

(3)积极调整污水处理费用。扩大污水处理费征收的范围,污水处理费收取标准要调整到保证污水处理厂正常运行的水平。

(4)制定再生水的合理价格。确定再生水价与现有水价的合理比价关系,激励再生水的推广和利用。

8.1.3.2 推进各用户水价水平与结构改革

(1)推进农业水价改革。重点为健全农业供水补偿机制、加强水价的成本核定和管理、推行计量收费制度、实行奖励管理或累进加价制度以及适当引入差异水价(如季节差价、地区差价等)等。

(2)推进工业水价改革。重点为推行全成本定价,实行计量收费和超定额、超计划累进加价制度。

(3)推进生活水价改革。水价应能有效地激励节水行为,并实行对贫困用水户的优惠补贴制度,以保证基本的生活用水权。

8.1.4 制定节水与防污技术推广激励政策

8.1.4.1 建立节水产品认证和市场准入制度

建立和完善节水产品认证制度,规范节水产品市场。依据国家定期发布的"淘汰落后的高耗水工艺和设备(产品)目录"和"鼓励使用的节水工艺和设备(产品)目录",实行市场准入制度,普及节水器具和节水产品。

8.1.4.2 制定节水防污优惠政策

加大国家发展改革委员会等四部委联合发布的《中国节水技术政策大纲》的执行力度,制定相应的激励性经济政策。重点包括

以下方面:

(1)政府以直接投入、补贴、贴息贷款、减免税、减免行政事业收费等多样化形式,引导社会资金对节水工程、节水企业和节水产业的投入。

(2)对符合国家产业政策,并稳定达标排放的企业,其污染治理设施经环保部门验收合格,可享受3年免征所得税优惠,第4年至第5年减半征收所得税;对循环经济示范企业,可申请税务部门审核,给予3年免征所得税优惠。

(3)对消费者购买节水产品、设施和器具提供必要的资金优惠。

8.1.4.3 建立水基础设施的良性运行机制

建立科学、合理的融资机制是水资源开发、供水系统、污水处理及其他基础设施发挥作用的重要保证。沈阳市应适应市场经济体制转变的形势要求,逐步建立起国家、地方和用水户参与的多元化、多渠道投融资体系。

8.1.5 完善法制与法规体系,提高执法能力

8.1.5.1 整合现有地方法规体系,建设新型法规体系

在严格贯彻《水法》、《水污染防治法》、《取水许可和水资源费征收管理条例》等国家法律与规章的同时,还需要结合区域水资源管理实践,针对地区节水型社会建设主要内容,制定和修订节水与水资源管理的地方性规章,如节约用水管理办法、取水许可和水资源费征收使用管理办法等,完善节水型社会建设的法规体系。

8.1.5.2 优化执法队伍,提升执法能力

理顺执法体制,加强各级执法队伍建设,完善各项规范化制度,提高水行政执法能力,推进依法行政,加大执法监督力度,将节水型社会纳入法制化轨道,实现依法治水和依法节水。

8.2 与水资源优化配置相适应的节水防污工程与技术体系

8.2.1 完善供水工程体系,保障供水安全

供水工程体系是节水型社会建设的重要支撑。在节水型社会建设过程中,需要进一步优化完善现有水利工程体系,构建与水资源配置格局相协调的供水工程体系,满足区域水资源有效蓄积及调配快速响应的实践需求,保障供水安全。在对现有供水工程体系进行系统评估的基础上,结合区域水资源的整体配置格局,在对相关工程进行定位的基础上,废除相关失效的水利工程和与新时期配置格局不相适应的供水工程;对相关病险工程进行系统加固,新修相关蓄水工程、调节性工程及配套工程。主要包括以下建设内容:科学定位和系统评估现有区域性供水工程;蓄水工程除险加固与新建相结合,增强蓄水能力,保障蓄水安全;加强河流整治,提高河流防洪能力,确保输水安全;压采与适度挖潜相结合,调整地下水供水工程体系;完善外调水的配套输水系统,确保外调水的高效调度;加强城市供水管网改造,确保城市供水安全;加强农村人畜饮水工程体系,促进社会主义新农村建设;系统建设非常规水源供水工程体系,提升区域整体用水效率(益);建设应急供水工程系统,确保城市稳定发展。

8.2.2 推进各业节水技术改造,强化用户节水管理[63]

(1)农业节水技术改造。一是改革传统灌溉制度,推行非充分灌溉技术,提倡在作物需水临界期及重要生长发育时期灌"关键水";二是加大渠系和田间节水改造力度,对输水损失大的支渠及其以上渠道优先防渗,对无回灌补源任务的井灌区固定渠道全部防

渗,大力改进地面灌水技术,推广小畦灌溉、细流沟灌和波涌灌溉,合理确定沟畦规格和地面自然坡降,推广高精度平整土地技术,鼓励使用激光平整土地;三是增加对有效降水利用程度,大力推广生物节水与农艺节水技术,协调作物耗水和天然降水关系,提高有效降水利用比例;四是结合设施农业,因地制宜扩大喷微灌面积。

(2)工业节水技术改造。一是选择重点行业和企业,加大对传统工业用水工艺改造力度,降低单位产品的取用水量;二是加大工业水的循环利用,包括提高工业水的重复利用率和加大再生水回用;三是加强工业行业和企业用水管理,全面推行定额管理制度,完善用水计量与监控设施,落实节水责任,建立激励机制。

(3)公共供水管网改造。一是推广预定位检漏技术和精确定点检漏技术,提高管网改造的针对性和效率;二是在供水管网改造中推广应用新型管材,同时采用供水管道连接、防腐等方面的先进施工技术;三是重视公共供水企业自用水节水,推行反冲洗水回用技术。

8.2.3 加强水污染防治与水生态保护工程建设

农业水污染控制工程与重点技术有:①加快农村污水的收集和处理;②推进农业面源污染控制技术;③修复已污染的土地。为进一步加大工业污染防治,实现工业污染从末端治理向生产全过程控制的转变,工业方面主要措施一是加强工业污染源的治理,二是制定清洁生产方面配套的标准、指标和政策体系,推广清洁生产。除了上述两大领域,污水集中处理工程、供水安全与水源地保护工程与技术、地下水恢复与污染控制工程亦是水污染防治和水生态保护重点建设工程。

8.2.4 建立计量、监测与信息化系统

8.2.4.1 管理信息基础平台建设

(1)基于现代空间信息技术的水管理信息平台建设。

(2)管理信息数据库建设。包括水资源数据库、供用水数据库、节水数据库、排污数据库、水工程信息数据库、水生态环境信息数据库等。

(3)管理信息系统建设。健全基础水情信息和用水管理信息的采集、传输、管理体系。

8.2.4.2　水资源调配决策支持系统建设

主要建设沈阳市水资源调配管理信息系统、沈阳市城市供水调度系统等。

8.2.4.3　信息共享体系建设

(1)完善水行业局域网,推进信息的网络传输和网上办公,提高行政管理效率。

(2)建立节水网站,实现节水型社会建设信息的广泛共享,尊重社会知情权。

8.3　与水资源和水环境承载力相协调的经济结构体系

8.3.1　调整与优化产业结构

8.3.1.1　国民经济结构的调整与优化

科学评价现状区域水资源开发利用程度,测度现状产业发展与水资源承载能力的协调程度,同时结合区域的资源、技术和经济基础与优势,科学提出基于区域水资源承载能力的产业调整与重点发展方向。为适应区域水资源和水环境承载能力要求,沈阳市应进一步推动经济结构优化和产业升级,逐步降低高耗水的第一、第二产业比重,提高第三产业比重。

8.3.1.2　工业结构的升级与优化

工业是沈阳市老工业基地振兴及国民经济发展的主要推动力

量。工业结构是影响水资源消耗水平和水环境污染程度的重要因素[63]。节水型社会建设期间,沈阳市在工业结构升级与优化方面的主要任务为严格限制新建高耗水、用水效率低和水污染严重的行业项目;大力发展高新技术产业,推进工业生产向规模化、集约化和效益化的方向发展。

8.3.1.3 农业种植结构的调整与优化

通过农业结构的调整和优化,促进农业用水效率的提高。主要任务包括:

(1)控制灌区灌溉面积的发展规模。充分利用有限的水资源,合理地控制水田发展规模,提高耕地的利用效率。

(2)合理优化作物结构,大力发展耐旱、高效作物。

(3)积极发展绿色产品和有机产品,建设无公害、绿色、有机食品基地。

(4)发展生态农业,加强农业生态产业园建设。

8.3.2 科学规划产业布局

根据区域水资源分布,科学规划产业布局,提高区域产业布局与水资源条件的空间适配性。具体工业发展总体布局为在生态功能区划的基础上,综合考虑各地水资源和水环境的承载能力、所处生态功能区的位置及现有工业基础等因素,确定沈阳市工业发展的总体格局为"东汽"、"南高"、"西重"和"北农"四大板块。基于沈阳生态功能区划,结合各县(区)的地理位置、生态环境状况、发展优势、农村经济和社会发展状况等多方面因素,按照"因地制宜与凸现特色、分类指导与整体推进、整合资源与发挥优势、区域互动与协调发展"的原则,沈阳市农业的发展布局为"四片一环"。

8.4 与水资源价值相匹配的社会意识和文化体系

8.4.1 构建宣传和教育体系

在宣传和教育方面,利用广播、电视、报刊、杂志和互联网等多种形式,广泛、深入、持久地开展宣传,促使社会公众树立正确的用水观念,并将其转化为自觉行动。具体包括:

(1)社会公众教育:通过举办各种反映节水型社会建设的摄影图片展览、科技成果展览;编制节水与环境保护的市民手册、文学作品和科普读物;编排创作反映节水与水资源保护的剧目;出版有影响的水资源与环境保护类的图书、期刊和杂志等形式,在全社会形成节约用水、防治水污染、保护水资源的良好生活方式。

(2)学生教育:编写相关中、小学课本,建设节水型社会建设的宣传教育基地。

(3)管理人员教育:组织各级政府领导干部和企业、社区管理人员进行培训,提高水资源管理的领导素质。

8.4.2 推进公众参与机制

8.4.2.1 公众参与的组织机构建设

针对沈阳市的实际情况,公众参与的组织机构建设主要包括以下部分:一是积极组建农民用水协会。二是在主要城市社区和工业企业组建城镇用水协会和工业行业用水机构的示范,对城市和工业用水进行监督与管理。三是因地制宜地组建生态环境保护机构,具体包括:①组建环保自愿者联合会;②组建企业环境保护的职工参与组织;③组建社区生态环境管理办公室[64]。

8.4.2.2　公众参与的信息化与制度化平台建设

建立水情公示与通报制度、重大用水项目水资源论证结果公示与质询制度、重大水事决策听证制度,为公众参与建设节水型社会提供良好的软环境。同时建设公众参与的信息平台,广泛接纳公众参与信息,实现公众与水管理部门的信息交流和互动,引导社会广泛参与[65]。

第9章 沈阳市节水型社会建设 实施方案近期重点工程

9.1 总体部署

结合国家和辽宁省节水型社会建设的总体部署,沈阳市节水型社会建设将分成两个阶段进行:

第一个阶段为近期建设期,建设年限为2007~2010年。本阶段建设的重点是改革区域水资源管理体制,开展全方位法规体系建设;在进行需求分析和现状评估的基础上,进一步细化和完善"四大建设体系",部署示范项目,整体建成节水型社会的基本框架。

第二个阶段为全面建设期,建设年限为2011~2020年。本阶段的首要任务是在第一阶段建设评估的基础上,进一步调整和优化区域节水型社会建设模式。在此基础上,全面完成节水型社会建设任务,建成节水型社会。

考虑到第二阶段的建设任务将在第一阶段建设的基础上进行再次优化,故在本次规划中,重点编制第一阶段的实施方案。尽管区域病险水库除险加固、河道整治和区域非涉水生态修复工程是节水型社会建设体系的重要组成部分,考虑其在相关专题规划中已进行了详细规划,故在本次规划的实施方案编制中,对此不再重新安排。

9.2 近期主要建设工作

9.2.1 成立组织机构,部署建设任务

(1)成立由市委书记任组长、市长任副组长、各委办局第一责任领导为成员的节水型社会建设领导小组,并组建办公室,对沈阳市节水型社会建设进行统一领导。

(2)编制《沈阳市节水型社会建设分工细则》,部署建设任务,落实责任人。

(3)开展多种形式的节水型社会建设动员活动,全面启动近期工作。

9.2.2 改革管理体制,探索统一水务管理

(1)对现状管理体制进行系统评估,制定《沈阳市水资源管理体制改革方案》,在涉水管理部门进行管理体制改革动员。

(2)在市级层面上整合和完善管理职能与机构,优化部门分工,明晰权责,进而向区县铺开。

(3)加强水务管理能力建设。

9.2.3 优化资源配置,确立总量指标

(1)在区域水资源评价的基础上,以县级行政单元套流域分区为空间单元,完成区域水资源的优化配置。

(2)整合水功能分区与水环境功能分区,确立分区水质及水生态指标。

(3)制定分区取水总量控制指标。

(4)确立分区排污总量控制指标。

9.2.4 完成初始水权分配,开展水权交易试点

(1)在水资源合理配置的基础上,完成初始水权分配。

(2)建立水权管理与交易平台,制定《水权管理制度》。

(3)开展四类水权交易试点。

(4)强化水权制度实施的监管。

9.2.5 完善管理法规,建设配套法规体系

(1)编制《沈阳市水务法规体系建设规划》,构建区域法规框架。

(2)彻底清查和评估现有涉水法规,编制废弃法规清单,整合相互矛盾或重复的涉水法规。

(3)颁布《沈阳市水资源管理条例》及《实施细则》。

(4)编制与发布国家和辽宁省颁布的相关涉水法规的实施细则。

(5)制定《沈阳市深层地下水开采控制方案》,修订《沈阳市地下水保护行动计划》。

(6)制定《沈阳市排污总量控制方案》,并进行系统分解。

(7)制定《工业行业综合用水定额》。

9.2.6 推进经济调节机制改革

(1)开展前期调研,测算不同类型及地区的水资源费和水价。

(2)制定《沈阳市水价改革方案》。

(3)修订非常规水资源供水价格。

(4)科学调整水资源费标准,提高城市供水价格。

(5)制定《沈阳市农村水费改革实施方案》,推进农村水价形成机制与水费收取体制改革。

9.2.7 公众参与体系建设

(1)制定《沈阳市区县标准》、《沈阳市节水型灌区标准》、《沈阳市节水生态型校园标准》和《沈阳市节水型社区标准》。

(2)推进区县、灌区、企业、校园、社区等不同层次沈阳市节水型社会载体建设。

(3)推进农业用水公众参与管理,成立农民用水协会,制定相关制度和管理章程。

(4)推进城市用水者参与式管理试点工作,成立行业用水协会,制定相关制度和管理章程。

(5)完善信息交互制度与平台。

9.2.8 管理设施和节水工程建设

(1)健全水资源监测网络体系,重点是深层地下水资源管理以及地面沉降的信息监测网络建设。

(2)建立重点水生态监测网络站网,完善水环境信息监测网络,加强排污巡测和检查。

(3)推进井灌区农业用水和供水企业用水管理设施建设。

(4)大力推进面上节水工程建设,重点加强试点灌区(尤其是井灌区)节水工程和设施建设。

(5)建设重点非常规水资源利用工程,如再生水回用与农业和生态工程。

9.2.9 综合示范项目建设

(1)确定示范项目区主要示范内容、标准与目标。

(2)制定项目区试点建设实施方案。

(3)开展相关专项研究。

(4)项目区试点示范工作系统总结。

9.2.10 近期建设自评估与经验总结

(1)制定沈阳市节水型社会建设近期评估内容、标准与方法。

(2)沈阳市节水型社会建设成效调查。

(3)沈阳市节水型社会建设重点项目验收。

(4)沈阳市节水型社会建设与近期自评估。

(5)沈阳市节水型社会建设近期经验总结。

9.3 近期重点建设项目

结合沈阳市节水型社会建设的近期工作任务,累计安排了12方面40个类型的建设项目(见表9-1)。这12个方面分别为:

表 9-1 沈阳市节水型社会建设规划近期建设项目一览表(投资单位:万元)

序号	编号	项目名称	基本情况	总投资	责任单位
1.管理体制改革与管理能力建设					
1	1-1	管理体制改革	编制《沈阳市资源管理体制改革方案》,进行机构调整与智能分工;节水型社会建设办公室费用	8 400	市委市政府
2	1-2	提高节水执法能力建设	建立多部门相互制衡的联合执法队伍;建立健全执法监督机制和保障机制	1 000	市政府
3	1-3	管理队伍建设	引进10名左右急需的高级水务管理人才	1 500	水利局

序号	编号	项目名称	基本情况	总投资	责任单位
			2.法规体系建设		
4	2-1	地方法规体系建设	编制《沈阳市水资源管理条例》等地方法规,建设节水型社会的地方法规体系	400	水利局、法制办
5	2-2	地方标准	《沈阳市用水定额标准》、《沈阳市节水社区/校园建设标准》、《沈阳市节水企业建设标准》	600	水利局、民政局
6	2-3	配套法规建设	完善国家、水利部和辽宁省颁布的涉水法规的实施细则的编制	400	法制办、水利局
7	2-4	行政法规建设	完善水资源论证制度;实施总量控制与定额管理相结合的控制制度	2 040	水利局、环保局
			3.水权制度建设与经济调节手段		
8	3-1	水权制度建设项目	在前期调研的基础上,编制《沈阳市初始水权分配方案》;进行四类水权交易示范的配套工程建设	6 000	水利局、发改委
9	3-2	用水水价和排污收费制度改革	各用水户用水水价标准的改革;再生水资源合理价格制定;调整污水排放收费制度标准	100	物价局、水利局
10	3-3	制定节水和污染防治的经济激励性政策	政府对购买节水产品提供资金优惠、资金支持;对浪费水资源的通过征税加以限制	300	发改委

续表 9-1

序号	编号	项目名称	基本情况	总投资	责任单位
			4.非常规水资源利用工程		
11	4-1	中水利用体系	沈阳东药中水回用等企业层面的中水回用工程;南部大学城等学校社区层的中水回用工程;南北部一二期中水厂建设工程;靠中水厂附近建设10个中水洗车厂,洗车水循环使用,用水量为5 000 t/d	70 150	城建局、水利局
12	4-2	城市雨水与建筑疏干水利用	改造雨水收集系统,采用生物措施、土地处理系统等措施对收集到的雨水进行净化。对建筑疏干水进行收集、净化与利用	8 500	城建局、水利局
13	4-3	农业集雨工程	在康平、法库等北方农业水资源短缺地区建设集雨水窖30 000套	5 000	水利局、发改委
13	4-4	矿井疏干水利用	西马矿、林盛矿、红菱矿以及铁煤集团康平矿区矿井水进行开发利用	6 250	国土资源局、水利局
			5.农村供水与农业节水改造工程示范		
14	5-1	农村人畜饮水安全项目	对重点缺水地区及水质恶化地区建设人畜饮水安全项目进行适当补偿	6 000	水利局、环保局、农业局、卫生局
15	5-2	灌区节水工程	浑蒲灌区、八一灌区、浑北灌区、浑南灌区、辽蒲灌区、祝家堡灌区等大中型灌区的节水灌溉工程	7 000	水利局
16	5-3	水稻节水新技术示范推广	建设3处水稻节水新技术推广示范项目	1 200	水利局、农业局
17	5-4	"四位一体"综合生态节水技术推广	推广"四位一体"综合生态节水示范工程	3 000	水利局、农业局

序号	编号	项目名称	基本情况	总投资	责任单位
6.城镇供水系统改造与城市节水示范					
18	6-1	城镇供水系统改造	对中心城区老化输水管网进行改造,降低城市管网漏失率(不包括因城市扩张而新铺设的输水管网)	28 000	城建局
19	6-2	饮用水安全工程	城镇饮用水安全工程	800	城建局、水利局、环保局
20	6-3	城市生活节水工程	城市生活节水设施和器具推广;公共生活节水工程	500	发改委
21	6-4	城市节水示范	节水社区与节水工业园建设示范	16 000	民政局、水利局
22	6-5	城市应急水源建设	应急水源井的新建与维护	4 300	水利局
7.水生态保护与水环境修复工程					
23	7-1	中心城区污水处理污水集中处理系统改扩建项目	沈水湾污水厂扩建工程新增25万 t/d 污水处理能力;五里河污水厂改建工程建成 10 万 t/d 污水处理厂;724 污水处理厂建设工程;西部工业走廊污水处理厂	74 500	城建局、水利局
24	7-2	开发区及县城污水集中处理项目	建设污水处理能力 2 万 t/d 的道义污水处理厂;建设污水处理能力 2 万 t/d 的虎石台污水处理厂;建设苏家屯、新城子、新民市、康平、法库污水处理厂	83 270	城建局、水利局
25	7-3	城市河流综合生态与环境修复工程	将卫工明渠、辉山明渠两侧的绿化带加宽;将沈阳城区段辽河、浑河、南运河等依据城市景观生态功能需求发挥城市生态廊道的生态效应和社会效应	34 000	园林局、水利局、环保局
26	7-4	湿地生态修复与重建工程	对采用中水进行湿地修复的工程项目的管网修建及维护	26 000	林业局、水利局、城建局

123

序号	编号	项目名称	基本情况	总投资	责任单位
8. 产业结构及产业布局调整					
27	8-1	农业种植结构调整项目	每年减少10万亩水田,改种玉米;对利益受损失的农民经济补偿	1 000	农业局、发改委
28	8-2	工业产业结构调整项目	对关停产业部门利益受损职工的部分经济补偿	2 000	发改委
9. 节水文化体系建设					
29	9-1	宣传和普及节水知识	通过媒体开展节水宣传;对节水管理领导队伍加强进行集中培训	200	宣传部、水利局
30	9-2	公众参与的组织机构建设	组建农民用水协会;组建以企业、社区为单位的节水志愿者联合会;完善信息公开制度和公众参与的制度平台建设	600	水利局
10. 自动测报与水务管理信息系统					
31	10-1	水情自动测报系统	完善水情(包括降水、径流、地下水水位和水质)自动测报站网建设及管理信息系统建设	3 000	水利局
32	10-2	水生态自动监测与评估系统	完善水生态观测站网,建设水生态自动监测与评估系统	700	水利局
33	10-3	智能化用水计量系统	完善城市智能化用水计量系统建设(包括生活用水计量设备更新,工商业用水计量设备更换以及网络建设),开展农村智能化用水计量系统推广示范	600	水利局
34	10-4	水务管理数据仓库建设建设	建设沈阳市水务管理数据仓库	240	水利局

序号	编号	项目名称	基本情况	总投资	责任单位
35	10－5	水务管理应用平台建设	完善现有应用平台系统(防洪、水土保持),新建城市水资源管理应用系统、水资源调度管理决策支持系统	150	水利局
36	10－6	加快信息服务业发展	加大现代信息技术在传统信息服务业的应用力度;建立健全信息服务体系	300	水利局
11.建设试点评估与验收					
37	11－1	试点评估与验收	制定沈阳市节水型社会建设试点评估内容、标准与方法;沈阳节水型社会建设成效调查;沈阳市节水型社会建设重点项目验收;沈阳市节水型社会建设与试点自评估;沈阳市节水型社会建设试点经验总结	200	市政府
12.研究与规划建设项目					
38	12－1	基础研究	沈阳市水资源承载能力研究	110	水利局
			沈阳市水资源合理配置与初始水权分配研究	80	
			沈阳市水权交易规则与水市场建设研究	100	
			水土保持与生态技术研究	320	
			沈阳市煤矿疏干排水的环境影响与开发利用研究	300	
			沈阳城区雨洪控制与利用实用技术研究	280	
			沈阳市污水处理回用技术研究	180	
			沈阳市城市供水管网优化调度系统研究	300	
			沈阳市用水水平与用水结构的现状分析和合理预测研究	150	

序号	编号	项目名称	基本情况	总投资	责任单位
38	12-1	基础研究	沈阳市各灌区新型节水灌溉技术研究	420	水利局
			沈阳市工业用水高循环利用技术研究	600	
			沈阳市城市家庭生活高效节水技术研究	120	
			工业发达大型城市节水型社会建设模式研究	200	
			水资源价值体系构成的专题研究	110	
39	12-2	配套规划	沈阳市节水型社会法规体系建设规划	180	法制办、水利局
			沈阳市水资源综合规划	300	水利局
			沈阳市水资源开发利用双总量控制规划	110	水利局、环保局
			沈阳市非常规水源综合利用规划	100	水利局、城建局
			沈阳市农村水费改革实施方案	140	发改委
			污水处理费用改革征收形式方案	70	发改委
		合计		408 370	

（1）管理体制改革与管理能力建设,主要包括管理体制改革、提高节水执法能力建设和管理队伍建设等三个类型的建设项目。

（2）法规体系建设,主要包括地方法规体系建设、地方标准制定、配套法规建设和行政法规建设等四个类型的建设项目。

（3）水权制度建设与经济调节手段,主要包括水权制度建设项目、用水水价和排污收费制度改革、制定节水和污染防治的经济激励性政策等三个类型的建设项目。

（4）非常规水资源利用工程,主要包括中水利用体系、城市雨水与建筑疏干水综合利用工程、农业集雨工程、矿井疏干水利用等四个类型的建设项目。

(5)农村供水与农业节水改造工程示范,主要包括农村人畜饮水安全项目、灌区节水工程、水稻节水新技术示范推广和"四位一体"综合生态节水技术推广等四个类型的建设项目。

(6)城镇供水系统改造与城市节水示范,主要包括城镇供水系统改造、饮用水安全工程、城市生活节水工程、城市节水示范和城市应急水源建设五个方面的建设项目。

(7)水生态保护与水环境修复工程,主要包括中心城区污水集中处理系统改扩建项目、开发区及县城污水集中处理项目、城市河流综合生态与环境修复工程和湿地生态修复与重建工程等四个类型。

(8)产业结构及产业布局调整,主要包括农业种植结构调整项目和工业产业结构调整项目两个方面的建设项目。

(9)节水文化体系建设,主要包括宣传和普及节水知识、公众参与组织机构建设等两个方面的建设项目。

(10)自动测报与水务管理信息系统,主要包括水情自动测报系统、水生态自动监测与评估系统、智能化用水计量系统、水务管理数据仓库建设、水务管理应用平台建设、加快信息服务业发展等六个类型的建设项目。

(11)建设试点评估与验收,主要是完成试点验收与经验总结。

(12)研究与规划建设项目,包括基础研究类和规划类的项目。

9.4　投资估算与资金来源分析

9.4.1　投资估算

沈阳市节水型社会建设试点期的总投资为 408 370 万元。其中,管理体制改革与管理能力建设方面需要 10 900 万元,占

2.67%;法规体系建设方面需要 3 440 万元,占 0.84%;水权制度建设与经济调节手段方面需要 6 400 万元,占 1.57%;非常规水资源利用工程方面需要 89 900 万元,占 22.01%;农村供水与农业节水改造工程示范方面需要 17 200 万元,占 4.21%;城镇供水系统改造与城市节水示范方面需要 49 600 万元,占 12.15%;水生态保护与水环境修复工程方面需要 217 770 万元,占 53.33%;产业结构及产业布局调整方面需要 3 000 万元,占 0.73%;节水文化体系建设方面需要 800 万元,占 0.20%;自动测报与水务管理信息系统方面需要 4 990 万元,占 1.22%;建设试点评估与验收方面需要 200 万元,占 0.05%;研究与规划建设项目需要 4 170 万元,占 1.02%。各类别项目的投资估算见表 9-1。

9.4.2　资金来源

沈阳市节水型社会建设项目资金渠道主要包括政府投资、政策融资、银行贷款、社会筹资和利用外资等形式。规划涉及项目中,水资源调配、农业节水、水生态修复与水环境保护工程、农村人畜饮水安全工程和水资源管理设施,以及节水型社会的制度、宣传、教育、科研等以政府投资为主,政策融资为辅;工业节水技术改造、生活器具推广等以社会筹资为主,政府投资引导和政策融资为辅;城市供水管网改造、污水处理与再生利用以市场融资为主。建设项目所需资金通过各有关部门的对口渠道申请。

9.5　进度安排

沈阳市节水型社会建设的进度安排见表 9-2。

表 9-2 沈阳市节水型社会建设近期建设工作安排计划

建设内容	2007年				2008年				2009年				2010年				2011年
	1季度	2季度	3季度	4季度	1季度	2季度	3季度	4季度	1季度	2季度	3季度	4季度	1季度	2季度	3季度	4季度	1季度
规划审查与报批	审查,报批																
组织机构与实施方案		成立组织结构,细化实施方案															
水管理体制改革			前期调研,制定方案			改革方案执行											
水资源配置与总量控制		方案编制		方案审批													
水管理配置与水市场培育				初始水权分配		水权交易试点											
制度/法规建设			现状评估			制度/法规建设											
经济调节机制改革			制定方案			方案试行				方案修订				方案颁布,执行			
公众参与宣传教育				构建平台,开展多层多形式的公众参与与宣传教育													
水务管理设施及能力建设						信息管理系统建设,人才培养等											
工程项目建设				项目报批		示范建设	项目建设										
综合示范建设				方案制定		示范建设									示范评估		
基础研究与规划			开展基础研究,补充相关规划的编制与报批														
建设评估				验收与评估											总结评价		中期评估

第 10 章 沈阳市节水型社会建设实施效益

节水,无论是农业节水还是工业和城镇生活节水,均需要大量的投入;但投入将会产生巨大的经济效益、社会效益和环境效益,节水型社会建设实施效益分析应是制定节水规划工作需重点研究的内容。

分析节水效益是节水规划工作的难题,本书尽管收集和综合分析了沈阳市现有的有关节水投资和效益方面的资料,同时依据节水目标对沈阳市节水型社会建设的各种效益进行估算和分析,但无论从基础资料的积累、实践基础,还是从理论基础看,还存在不少问题,都有待做进一步的工作。

10.1 节水效益分析一般内容及方法

10.1.1 分析内容

节水效益分析的一般内容包括经济效益、社会效益和环境效益,以及必要的综合效益分析。

经济效益主要是分析节水对国民经济的贡献,评价它的经济合理性;社会效益主要分析节水发展对社会发展目标的贡献与影响;环境效益主要分析节水发展对环境目标和状况的影响与贡献;综合效益分析主要是在上述效益分析基础上,对节水发展总的预期效果进行综合分析评述。

10.1.2 分析方法

节水效益主要采用定性与定量描述相结合的方法、对比分析方法、试验的方法及模型预测等方法或几种方法结合进行分析。

但至今为止,节水效益的计算方法尚不成熟,难以完整反映出节水效益,且还没有规范。下面对沈阳市节水型社会建设分别从经济效益、社会效益和环境效益三方面进行定量与定性相结合的分析。

10.2 经济效益分析

节水型社会试点建设期间,沈阳市经济社会保持了全面、快速、协调发展的态势,2004 年全市 GDP 总量由 2000 年的 1 119.1 亿元增加到 1 900.7 亿元,年增长率达到 13.21%。同时三次产业结构向着合理化方向发展,2004 年三次产业比重由 2000 年的 6.4∶44.2∶49.4 调整到 5.8∶49.5∶44.7。农业、工业、第三产业及建筑业、生活、生态用水结构由 2004 年的 52.07∶20.3∶6.22∶8.49∶12.93 优化调整为 46.52∶22.3∶7.2∶9.49∶14.49,农业用水"一头沉"的现象有所缓解。农业内部,沈阳市的种植结构得到明显优化,粮、经、蔬种植比例由 2000 年的 17∶22∶61 调整到 10∶30∶60。2004 年单方水 GDP 产出由 2000 年的 2.61 元提高至 4.63 元,此外,全市城乡社会结构和居民收入也发生了很大变化,2010 年城镇化率由 2004 年 64% 提高到 66.5%,城乡居民人均收入快速增长。灌区节水还将减少农民水费支出,据灌区农户抽样调查,节水型社会建设前后,亩均减少水费支出 6~10 元。

沈阳市节水型社会建设的经济效益主要包括两方面,一是节水型社会实施的直接经济效益,节水型社会建设导致沈阳经济社会发展模式发生了深刻的变化,如果不建设节水型社会,即按照原有的模式发展,到 2010 年应有一个相应经济增长的情景值,它与开展试点建设后经济发展的真值之间的差可视作节水试点建设所带来的经济效益,经估算其创造的直接经济效益为 25.39 亿元;二是各项损失减少产生的间接经济效益,水质的改善和生态环境的建设,将促进河流生态服务功能的恢复和旅游业的发展及农业的发展,可产生极大的经济效益。同时减少市政用水的处理费用,促进人体健康,减少污染补偿。总之,规划的实施产生的间接和直接经济效益都是很可观的。

10.3 社会效益分析

实现沈阳市节水型社会建设规划,将逐步实现沈阳经济增长方式的转变。经济发展将不与水资源投入完全挂钩,这将从根本上减轻水污染给生态环境造成的压力,有效地改善沈阳市生态环境质量,进一步提高沈阳市的区位优势,促进社会、经济的进一步发展。节水环保产业等新兴产业的发展,将增加就业岗位,为全市经济的发展提供一个新的领域。人居环境的改善、收入的提高,提高了人民的生活水平,也提高了城市的综合实力和竞争力。

10.4 环境效益分析

本次节水型社会建设规划实施后,基本解决浑河沈阳市地表水水质污染问题,确保其水质达到水质功能保护标准,为沈阳市人民提供良好的生活用水、娱乐用水、景观用水,改善地表水环境系统的生态环境,促进沈阳市整体水环境质量和水生态环境的改善。总体分析,规划实施可能带来的环境效益为如下几个方面:改善城市景观环境,提升城市形象;吸尘阻尘,促进大气环境质量的改善;涵养水源,促进水生态系统的良性循环;降低"热岛效应",改善局部小气候;恢复生物物种,促进生物多样性;防洪泄洪,提高城市抵抗自然灾害能力;提升环境价值,整体提高城市生态环境。综上所述,沈阳市节水型社会建设规划项目的全面实施,促进了沈阳市整体水环境质量和生态环境的根本改善,提升了整体城市的水生态环境质量和价值,创造了良好的人居环境,构建了生态功能和谐的环境,具有显著的环境效益(见表 10-1)。

表 10-1 沈阳市节水型社会建设规划实施环境效益指标分析

环境质量	主要增效指标	规划前	实施后
生态环境	森林覆盖率(%)	28	36
	城镇人均公共绿地面积(m^2)	10.3	12
	退化土地恢复治理率(%)	40	≥90
	受保护地区占国土面积比例(%)	30	35
水环境	浑河支流、城区其他水系水质	劣Ⅴ类	Ⅳ类
	辽河及主要支流水质	劣Ⅴ类	Ⅳ类

第11章 沈阳市节水型社会建设保障措施

建设节水型社会与经济社会发展、水资源开发利用、生态建设、环境保护的多个方面密切相关,涉及全社会的多个行业和部门,关系到千家万户,需要对经济体制、制度机制、法制环境进行三大方面的改革和完善,要采取有效措施,调动全社会的力量,建立节水型社会。

11.1 理顺管理体制,加强组织领导

建设节水型社会是一项全社会参与的综合性系统工程,涉及面广、任务重大,必须切实加强政府对建设节水型社会的组织领导和技术指导,同时高效的组织领导机制也是节水型社会建设的首要保障。一是在上级领导小组的统一领导下,实行行政首长负责制,对城市供水、节水和污染防治工作负总责,各部门要树立全局观念,负责落实制定具体工作方案,把节水型社会建设真正纳入国民经济和社会发展规划中,形成全市建设节水型社会的统一领导机制。二是建立和完善节水型社会建设的协调合作工作机制,协调处理上下各级之间、地方政府和各级水行政主管部门之间、行政区域和流域分区间的关系,切实做到沟通无限、信息共享,协同推进节水型社会的建设工作。

11.2 加强政策指导,制定建设规划

节水型社会建设的核心是社会生产关系的调整,需要在体制和机制方面进行大胆尝试和探索,因此国家应从建设节约型社会的高度出发,加大资金、税收等方面的政策支持力度,给予试点地区和城市相对较为宽松的政策环境。地方也需要加大对于试点地区、试点行业、试点单位的政策扶持,保障节水型社会建设成效与目标的实现。

(1)完善节水法规体系建设。贯彻落实《水法》、《水污染防治法》,完善《沈阳市节约用水条例》、《沈阳市取水许可管理规定》、《沈阳市水资源费征收管理办法》等节水法规,加快节水型社会的法律法规体系建设,将节水型社会建设纳入法制化、规范化的轨道,为节水型社会建设提供必要的法制保障。

(2)深化水资源管理体制改革。按照循环经济和可持续发展的思想,继续深化沈阳市水资源统一管理体制改革,加强对水务市场的监管和培育,形成水务一体化的管理模式,以实现高效用水的管理目标。

(3)运用水权理论,明晰水资源使用权。通过制度设计和明晰水资源使用权,最终实现地表水、浅层地下水用于农业,外调水用于工业和生活,深层地下水用于生活的配置格局。通过外调水的置换,逐年削减对地下限采区和禁采区地下水的开采量,并逐年置换,最终达到恢复地下水自然生态和环境目标。

(4)进一步完善水资源规划制度、建设项目水资源论证制度、用水统计制度、节水产品认证制度、取水许可制度和水价制度,保障节水型社会管理制度体系的建立完善和落实。

11.3 加大投资力度,拓宽融资渠道

逐步建立多层次、多渠道、多元化的节水型社会建设投资体制,一方面要加大国家和地方对节水型社会建设相关项目的投资力度,积极探索 BOT、TOT 等市场融资方式,拓宽融资渠道。并且要加强控制筹措资金的使用用途,政府设立节水型社会建设的专项资金,用于节水型社会建设的前期启动、国家和省级投资项目的地方配套,以及工业节水技术改造、生活节水器具推广等的引导性资金。另一方面要鼓励民间资本投入节水设备(产品)生产、农业节水、工业节水改造、城市管网改造、污水处理等项目,并给予相应的优惠政策。

11.4 加强基础研究,强化科技保障

加强科技队伍的建设,加大节水型社会自主创新力度,在基础理论和实用技术等方面开展攻关,解决节水型社会建设中的各类问题,同时还要加强与国内研究机构及试点省市的交流合作,学习借鉴国内外发展循环经济的成熟技术与成功经验,总结并推广市内外在发展节水型社会建设方面的有效做法,走出一条既与国际接轨又有沈阳特色的建设节水型社会路子。

第 12 章　审查、验收与评价

12.1　规划审批与实施

12.1.1　规划审批

本规划在通过辽宁省水利厅组织的专家审查论证的基础上，由沈阳市人民政府批准实施，并报辽宁省政府办公厅、辽宁省发展与改革委员会、辽宁省财政厅、辽宁省环境保护局、辽宁省林业厅等有关部门备案。

12.1.2　规划实施

规划由沈阳市人民政府负责组织实施，成立沈阳市节水型社会建设工作领导小组，由沈阳市水利局承担日常具体事务。在节水型社会建设领导小组领导下，各部门要根据规划的整体安排，密切协作，明晰目标，分解任务，落实责任，积极推进。辽宁省水利厅负责对试点期建设进行指导、监督和检查。

12.2　近期建设验收

12.2.1　验收安排

为保障近期建设目标的实现，辽宁省水利厅负责对近期建设工作进行指导、监督和检查，包括对规划实施的日常监督指导、中期检查和终期验收。中期检查时间定于 2009 年第一季度,2011 年第一季度进行整体检查验收。终期验收采取相关材料审核、听取汇报和现场检查等方式进行。

12.2.2　验收内容

（1）由辽宁省水利厅对试点建设内容进行全面考核和验收；

（2）由辽宁省水利厅对节水型社会建设专项内容的落实情况进行考核验收；

（3）由辽宁省水利厅和沈阳市人民政府组织专家对节水型社会建设过程中的相关成果进行鉴定验收。

12.2.3　主要验收文件

（1）《沈阳市节水型社会建设试点工作总结报告》及相关专项报告；

（2）节水型社会建设试点重点项目设计文件、财务结算报告和财务验收报告；

（3）试点期间制定和出台的地方性法规、政策、制度与标准等；

（4）试点建设过程中形成的相关技术文件和成果报告。

12.3　近期建设评估

12.3.1　评估内容

沈阳市节水型社会建设评估包括两大方面,一是试点建设的本地服务功能评估,包括对于区域社会经济发展、生态环境保护和资源管理的促进;二是试点建设的示范效应评估,包括体制改革、制度建设、经济和市场手段运用以及公众参与等。

12.3.2 评估指标及标准

针对近期建设目标实现情况,参照水利部颁发的《节水型社会建设评价指标体系》(试行)选取相关评价指标,结合沈阳市建设生态城市的的指标要求,建立了两级的评估指标体系及标准。一级分为综合指标、生态与环境指标、生活用水指标、农业用水指标和工业用水指标 5 个部分,二级包括 21 个具体指标(见表 12-1)。

12.3.3 评估方法

近期建设评估将采取定性和定量相结合的方式进行,综合评估将采用模糊决策的方法进行。

表 12-1　沈阳市节水型社会建设试点评估指标

一级	二级	单位	现状值	目标值
综合指标 (1)	万元 GDP 用水量(1)	m^3	157	84
	城市计划用水率(2)	%	92	95
	单方节水投资(3)	元/m^3	1.6	1.4
	城市供水管网漏失率(4)	%	22	12
	农民用水协会(5)	个数	—	>10
	城市用水协会(6)		无	有
生态与环境 指标 (2)	城市污水处理率(7)	%	68	80
	污水处理回用率(8)	%	26	30
	水功能区水质达标率(9)	%	94	96
	城镇人均绿地面积(10)	m^2	10.3	12
	森林覆盖率(11)	%	28	36

一级	二级	单位	现状值	目标值
生活用水指标（3）	城镇生活用水定额（12）	L/(人·d)	137	165
	农村生活用水定额（13）	L/(人·d)	56	75
	城市节水器具普及率（14）	%	65	80
	农村节水器具普及率（15）	%	30	50
	饮水达标人口比例（16）	%	38	＞75
农业用水指标（4）	水田灌溉定额（17）	m³/亩	810	730
	节水灌溉面积比（18）	%	16	30
	灌溉水利用系数（19）		0.5	0.6
工业用水指标（5）	万元工业增加值取水量（20）	m³	88	64
	用水重复利用率（21）	%	70	80

第 13 章 总结与展望

我国是一个水资源贫乏、用水效率不高的国家,水资源问题已严重制约了经济社会的可持续发展。现在的水资源开发利用方式已经导致许多生态环境问题,把节水工作贯穿于国民经济发展与生产生活的全过程,全面建立节水型机制,建设节水型社会,对于保证水资源的可持续利用具有重要意义。本书在总结探讨节水型社会建设相关理论的基础上,结合实际需求和作者认识取得了一些研究成果。

13.1 主要结论

本书充分融合节水型社会建设和水资源相关研究理论与技术的新进展,采用了三次平衡技术,建立了层次化评价指标体系,构建了节水型社会建设的四大支撑体系,并运用到沈阳市节水型社会建设的实际,这些观点和方法需要在以后的实践过程中进一步证实。所以,本书还未达到创新这个层次,仅总结以下结论供大家参考:

(1)总结了节水型社会建设理论的研究进展、存在问题和发展趋势。详细介绍了国内外节水型社会的发展历史和研究现状,并对节水型社会建设的研究方向进行了展望。

(2)分析总结了节水型社会建设的整体框架。节水型社会建设是一个涉及方面极其庞大的系统工程,是由自然科学和社会科学复合而成的复杂系统,因此需要协调好水资源系统、经济系统和社会系统间的关系,分阶段在多层次、多领域展开。

(3)总结了节水型社会建设之基础——水资源需求预测的方法,并对水资源和水环境约束下的经济增长模型进行了重点探讨。本书运用的需水预测调节模型通过分析预测区域水需求调节影响因子的变化是如何影响需水量的,计算出了节水型社会建设中有效的水资源需求量,为解决节水型社会建设中的供需平衡矛盾提供针对性的对策。

(4)在对典型区域供需水预测计算基础上分别进行了基于现状供水能力、当地水资源承载能力、外调水的三次平衡分析,通过强化节水、当地水源与外调水联合配置措施,沈阳全区最大缺水率为9%,水资源状况已能够满足区域整体可持续发展的要求,并为进一步进行三次平衡下的水资源合理配置和探讨相应的节水政策提供了科学基础平台。

(5)建立了节水型社会建设控制指标体系,并运用层次分析法对沈阳市现实状况下节水型社会建设进行了总体评价研究。计算结果表明,现实状况下沈阳市节水型社会建设总体评价得分为85.5,距离理想目标仍有很大差距,尤其是生态环境评价较差,说明现状下该区域特别需要对生态环境用水作进一步调整,以改善其整体建设水平。

(6)采用水资源大系统分析和多目标决策技术,系统构建了沈阳市节水型社会建设的四大支撑体系,即现代、高效的水资源与水环境管理体系;与水资源优化配置相适应的节水防污工程与技术体系;与水资源与水环境承载力相协调的经济结构体系;与水资源价值相匹配的社会意识和文化体系。整体部署了沈阳市节水型建设内容。

13.2 存在问题与研究展望

虽然本书得到了一些研究成果,但不可能周全地考虑系统的复杂性和各方面相关因素,难免还存在不足之处,需要在理论方法和实际应用上作进一步深入研究。

13.2.1 存在问题

(1)节水型社会建设中基础数据精度不高。基础用水数据的收集与整理是节水工作开展的最基本条件,历史用水资料的准确性决定了节水规划的合理与否。本书计算中所用数据较多,对于这些海量数据没有在计算前进行细致的分类,现有的资料有些还不能满足计算需要,简化处理后降低了计算结果的精确度。

(2)节水型社会建设中生态环境需水研究不足。节水型社会建设具有节约用水和保护水生态环境的双重目标,因此节水型社会建设中对水资源需求的研究必须合理估计和正确计算生态环境需水量,在保证生态需水前提下发展经济,协调社会发展与生态环境之间的关系,维护生态平衡。本书对生态环境需水研究不够。

(3)需水预测模型不能实现水量、水质联合预测。本书需水预测中缺乏对水质情况的考虑,没有预测出不同水质情况下的水资源需求量,因此需要加强水量、水质联合预测问题的研究。

13.2.2 未来展望

节水型社会建设问题,目前是国内外研究的热点。而水资源系统、经济系统、社会系统的复杂性也决定了节水型社会建设这个涵盖三个复杂系统的研究将是一个不断发展的过程。结合本书研究中的个人体会,作者认为以下几个方面将成为沈阳市节水型社会建设今后的工作重点:

(1)建立水权制度为基础的水资源合理配置体系。由于水资源分布的不均匀,特别是流域与行政区域的不重合性,在水资源配置上就不可避免地涉及到水权问题。明确水权制度,在宏观上建立水资源合理配置模型进行宏观控制,在微观上利用水市场进行调节,是我国现代水资源优化配置的一个方向。

(2)高新技术在节水型社会建设领域的应用。信息化是当今世界经济和社会发展的大趋势,水利信息化是水利现代化的基础和重要标志。随着计算机技术等一些高新技术的发展和节水管理体制的完善,节水型社会建设的内涵将趋于完善。开发不同于传统水资源管理信息系统的节水型社会建设管理信息系统,当前尚未有较成熟的软件,具有较大的扩展空间。

(3)节水型社会建设评价指标体系理论需进一步研究。建立完整、通用的节水型社会建设控制指标体系,并对建设程度进行总体评价,使节水型社会建设更趋合理,避免了建设过程中的盲目性。目前节水型社会指标体系和效果评价缺乏系统性的研究,完善而成熟的区域水资源可持续利用评价指标体系还没有建立起来,缺乏新理论、新方法的应用探讨,评价指标的定量化筛选、权重的确定和群决策理论方法的研究也不够成熟。

参 考 文 献

[1] 钱正英,张光斗.中国可持续发展水资源战略研究综合报告及各专题报告[M].北京:中国水利水电出版社,2001.

[2] 王建华.基于社会学的节水型社会建设理论纲要[C]//中国水利学会2005学术年会论文集.北京:中国水利水电出版社,2005.

[3] 姜文来,唐曲,雷波,等.水资源管理学导论[M].北京:化学工业出版社,2005.

[4] 甘满堂,黄河.创建节水型社会的社会学分析[J].内蒙古社会科学,2004(1).

[5] 汪恕诚.水权和水市场——谈实现水资源优化配置的经济手段[C]//中国水权、水价与水市场研究论文集.南京:河海大学出版社,2002.

[6] 刘埔,等.发展节水农业要实现水权管理制度的创新[J].农业经济问题,2002(10).

[7] 谢继忠.水法:建立节水型社会的法律保障[J].河西学院学报,2003(3).

[8] 李希,田宝忠.建设节水型社会的实践与思考[M].北京:中国水利水电出版社,2003.

[9] 李瑞昌.论市场经济条件下的公众参与公共决策[J].福建经济管理干部学院学报,2002(1).

[10] 陈国桥.略论水市场建设与公众参与[C]//中国水权、水价与水市场研究论文集.南京:河海大学出版社,2002.

[11] 汪恕诚.水权管理与节水社会[J].中国水利,2001(4).

[12] 陈莹,赵勇,刘昌明.节水型社会的内涵及评价指标体系研究初探[J].干旱区研究,2004(8).

[13] 水利部发展研究中心调研组.全国节水型社会试点的调研[J].中国水利,2003(4).

[14] 梁建义.创建节水型社会,加强节水用水管理措施[J].南水北调与水利科技,2003(2).

[15] 魏衍亮．美国水权理论基础、制度安排对中国水权制度建设的启示[J].比较法研究,2002(4)

[16] Global Water Partnership Technical Advisory Committee (TAC). TAC Background Papers No.4: Integrated Water Resources Management[M]. Stockholm Sweden, Global Water Partnership. ISSN: 1403 − 5324. IS-BN: 91 − 630 − 9229 − 8. 2000.

[17] MONCUR J E T. Drought episodes management:the role of price[J].Water Resource Bulletin,1989,25(3):499 − 505.

[18] 索利生．建设节水型社会——社会经济发展的必经之路[J].中国水利,2003.

[19] 张岳．关于中国建设节水型社会的几点认识和建议[C]// 中国水权、水价与水市场研究论文集.南京:河海大学出版社,2002.

[20] 韩永荣,等．节水技术必须适应社会经济的发展[J].水利经济,1999.

[21] 王浩．我国节水型社会建设基础理论与科技支撑体系探析.江苏水利厅讲座,2005.

[22] 王亚华．关注经济欠发达地区如何建设节水型社会[J].中国水利,2005(13):175 − 179.

[23] 水利部开展节水型社会建设试点工作指导意见．水利部办公厅(水资源〔2002〕558 号).

[24] 冯广志．我国节水发展的总体思路[J].中国农村水利水电,1998(11).

[25] 裴源生,方玲,罗琳．农业需水价格弹性研究[J].资源科学,2003(6).

[26] 阮本清,张春玲,许凤冉．北京市产业结构优化与调整的节水贡献研究,2004(11).

[27] 王亚华．我国建设节水型社会的框架、途径和机制[J].中国水利,2003(10).

[28] 沈振荣,汪琳,于福亮,等．节水新概念——真实节水的研究与应用[M].北京:中国水利水电出版社,2000.

[29] 汪党献．水资源需求分析理论与方法研究[D].中国水利水电科学研究院,2000.

[30] 张雅君,刘全胜．需水量预测方法的评析与择优[J].中国给水排水,2000 ,17 (7).

[31] 左其亭.张浩华.欧军利.面向可持续发展的水利规划理论与实践[J].郑州大学学报,2003(8).

[32] 中国水利水电科学研究院,海南省水务局.海南省水资源综合规划—专项规划 [R].2005.01.

[33] Boland J J.Forecasting Water Use. A Tutorial,IN Torno, H C(ed). Computer Application in Water Resource,1985:907 – 916.

[34] 左建兵.城市水资源需求管理理论与信息系统的研究——以北京市城八区公共生活用水为例[J],中国水利,2006(5).

[35] 秦长海,裴源生.黑河流域经济发展预测模型[J].水利经济,2004(2).

[36] 曾珍香,顾培亮.可持续发展的系统分析与评价[M].北京:科学出版社,2000.

[37] 尹明万,谢新民,王浩,等.基于生活、生产和生态环境用水的水资源配置模型[J].水利水电科技进展,2004(2).

[38] 许新宜,王浩,甘泓,等.华北地区宏观经济水资源规划理论与方法[M].郑州:黄河水利出版社,1997.

[39] 李子奈.计量经济学[M].北京:清华大学出版社,1992.

[40] 边贸新,刘春英,张文清.沈阳市工业用水的优化分配及环境经济效益[J].环境科学,1990,11(1):66–69.

[41] 王西琴,杨志峰,刘昌明.区域经济结构调整与水环境保护——以陕西关中地区为例.地理学报,2000,55(6):707–718.

[42] 王浩,秦大庸,王建华.流域水资源规划的系统观与方法论[J].水利学报,2002(8):1–6.

[43] 1980年沈阳市经济统计年鉴,沈阳市统计局,1980.

[44] 1985年沈阳市经济统计年鉴,沈阳市统计局,1985.

[45] 1990年沈阳市经济统计年鉴,沈阳市统计局,1990.

[46] 1995年沈阳市经济统计年鉴,沈阳市统计局,1995.

[47] 2000年沈阳市经济统计年鉴,沈阳市统计局,2000.

[48] 2004年沈阳市经济统计年鉴,沈阳市统计局,2004.

[49] 沈阳市水利局.沈阳市供水发展规划报告[R],2004.

[50] 王浩,陈敏建,秦大庸,等.西北地区水资源合理配置和承载能力研究[M].郑州:黄河水利出版社,2003.

[51] 王英. 北京市居民收入和水价对城市用水需求影响分析[J]. 价格理论与实践, 2003(1): 49-50.

[52] 沈大军, 杨小柳, 王浩, 等. 我国城镇居民家庭生活需水函数的推求及分析[J]. 水利学报, 1999(12): 6-10.

[53] 王浩, 秦大庸, 王建华, 等. 黄淮海流域水资源合理配置[M]. 北京: 科学出版社, 2003.

[54] 高更超, 张宏伟. 城市节约用水水平评判及需水量预测[M]// 中国城市节水 2010 年技术进步发展规划. 上海: 文汇出版社, 1998.

[55] 宋松柏, 蔡焕杰, 徐良芳. 水资源可持续利用指标体系及评价方法研究[J]. 水科学进展, 2003, 14 (5).

[56] 吕跃进, 覃菊莹. 层次分析法建模中的结构问题[J]. 广西大学学报: 自然科学版, 2003, 28(9~10).

[57] 郭凤鸣. 层次分析法模型选择的思考[J]. 系统工程理论与实践. 1997(9).

[58] 朱心想. 群决策过程中层次分析法的研究与应用[D]. 硕士学位论文, 2003.

[59] 骆正清, 杨善林. 层次分析法中几种标度的比较[J]. 系统工程理论与实践, 2004(9).

[60] 于景元, 涂元季. 从定性到定量综合集成方法[J]. 系统工程理论与实践, 2002(5).

[61] 胡晓惠. 研讨厅系统实现方法及技术的研究[J]. 系统工程理论与实践, 2002(6).

[62] 姜楠, 梁爽, 谷树忠. 水权交易中的比较优势及我国水权交易制约因素分析[J]. 水资源与水工程学报, 2005, 16(1).

[63] 王建华. 南水北调中东线受水区节水型社会建设试点总体规划[R]. 水利部南水北调项目发展研究总报告, 2006(4).

[64] 程晓冰. 水资源保护与管理中的公众参与[J]. 水利发展研究, 2003(8).

[65] 姚慧娥, 吴琼. 论环境保护的公众参与[J]. 上海环境科学, 2003, 22(4).

后　记

　　本书是《沈阳市节水型社会建设规划》的主要研究成果,该规划由沈阳市水利局具体组织实施,由中国水利水电科学研究院和沈阳市城市水资源管理办公室共同完成。在规划编制的过程中,得到辽宁省水利厅的技术指导;沈阳市各委办局的大力支持,提供大量基础资料;辽宁省水文水资源勘测局王殿武教授级高级工程师、沈阳农业大学何俊仕教授、沈阳建筑工程大学潘俊教授以及辽宁省水科院张勤高级工程师都给予很多具体指导。

　　该项研究历时一年多,主要研究人员包括王树雨、严登华、詹中凯、秦大庸、马志伟、褚俊英、靖娟、林旭、王建华、郭飞、唐辉、王澎泉、唐英杰、张艳红、吴珏、秦长海、杨秀艳、李　莉等。因此,本书的完成和出版是集体努力的成果,凝结了各方面专家及同仁的辛勤劳动和汗水。

　　在本书正式出版之际,特向给予课题研究关心和支持的人们表示由衷的敬意和谢意。在此对黄河水利出版社付出辛勤劳动的编辑们表示深深的感谢。